한눈에 보이는

정보 통신 기술의 역사

기술선생님이
들려주는

10대를
위한

궁금한

정보 통신

기술의 세계

한승배 · 오규찬 · 오정훈 · 심세용 · 이동국 **지음**

04

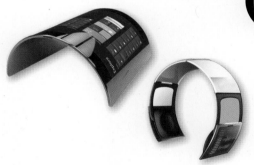

(주) 삼양미디어

궁금함이 많은 10대에게
기술선생님이 들려주는
정보 통신 기술 이야기

인간은 아주 오래전부터 의사소통과 각종 기록의 보존 및 전달을 위해 다양한 통신 기술들을 발전시켜 왔습니다. 처음에는 언어와 문자가 등장하였고, 이후 전기가 발명되면서부터 먼 거리까지 정보를 전달하는 정보 통신 기술이 발달하기 시작하였는데, 이는 우리 인류 문명의 급속한 발전을 가져오게 되었습니다.

오늘날 정보 통신 기술은 스마트 정보 기술이라고도 불릴 정도로 빠른 속도로 변화하며 발전하고 있습니다. 또한 정보 통신 기술은 생명 공학 기술, 나노 기술, 로봇 공학 기술, 인문학 등 다른 분야의 기술이나 학문과 융합되어 새로운 산업과 기술을 선도하고 있습니다. 이제 정보 통신 기술은 우리 사회 전반에 깊숙이 영향을 미쳐 우리 생활에 절대 없어서는 안 될 소중한 요소가 되었습니다. 5G, 인공지능 기술 , 로봇, 사물 인터넷, 자율 주행 자동차 등 이 시대를 살아가는 사람들과 정보 통신 기술은 뗄 수 없는 관계라는 것을 시사하고 있습니다.

그러나 정보 통신 기술의 발전이 우리 삶에 긍정적인 영향만 끼치는 것은 아닙니다. 인터넷 중독, 개인 정보 침해, 지식 재산권 침해, 불법 유해 정보 증가 등 정보 통신 기술의 발전과 함께 등장한 부작용들은 우리 생활 전반에 걸쳐 많은 문제점을 만들어내고 있습니다. 정보 통신 기술의 발전과 함께 이러한 부작용들을 해결할 수 있는 슬기로운 지혜가 더욱더 절실히 요구되는 시점입니다.

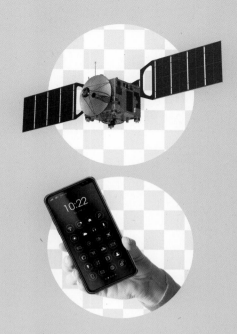

　제1부에서는 통신의 역사와 종류를 알아보고, 컴퓨터와 인터넷의 발전 과정을 살펴봄으로써 통신이 우리 생활에 어떤 영향을 미쳤는지를 생각해 볼 수 있는 기회를 마련하였습니다.

　제2부에서는 최근 우리 생활의 필수품이 된 스마트폰의 발달 과정 살펴보고, 스마트폰을 통해 구현되는 다양한 기술들을 알아봄으로써 스마트폰의 미래 모습까지도 예측해 볼 수 있는 기회를 제공합니다.

　제3부에서는 정보 통신 기술에서 가장 핵심인 디지털 융합과 관련한 기술들을 살펴보고, 관련 융합 기술들을 기본으로 미래 사회를 선도할 모바일 헬스케어, 웨어러블 컴퓨터, 3D 프린터 기술 등에 대해 소개합니다.

　제4부에서는 사물 인터넷, 빅 데이터와 같이 최근 정보 통신 기술의 발전에서 핵심이 되는 기술들을 살펴봄과 동시에, 정보 통신 기술의 발전으로 인해 발생하는 해킹, 컴퓨터 바이러스, 지식 재산권과 같은 문제들에 대해서도 알아봅니다.

　이 책을 통해서 여러분이 정보 통신 기술과 관련한 다양한 분야의 기술적 교양을 키우고, 이공계 인재로서의 꿈을 실현해 나갈 수 있기를 바랍니다. 현재보다 더 나은 미래 사회를 위해서는 여러분의 역할이 매우 중요합니다. 우리 인류의 보편적 꿈을 실현하고 행복한 가치를 실현할 수 있는 사회를 만들기 위한 여러분들의 끈기 있는 노력을 기대해봅니다.

저자 일동

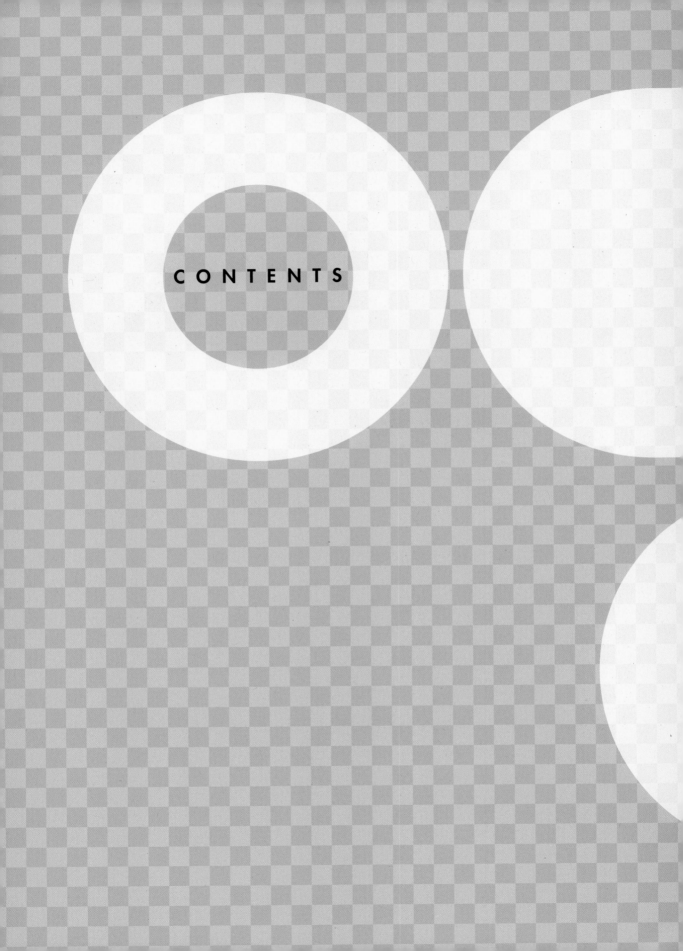

CONTENTS

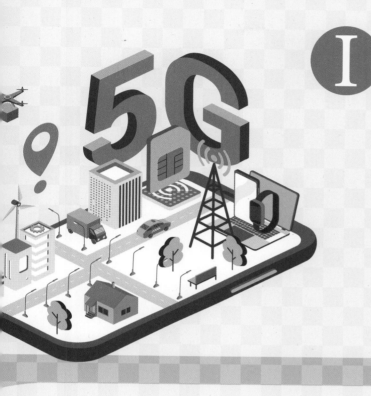

I 세상을 연결하는 통신

II 내 손안의 스마트폰

Ⅲ 세상을 바꾸는 디지털 컨버전스 기술

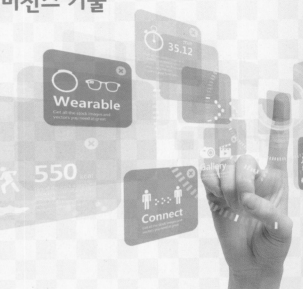

Ⅳ 진화하는 정보 통신 기술과 정보 윤리

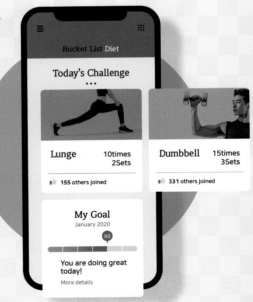

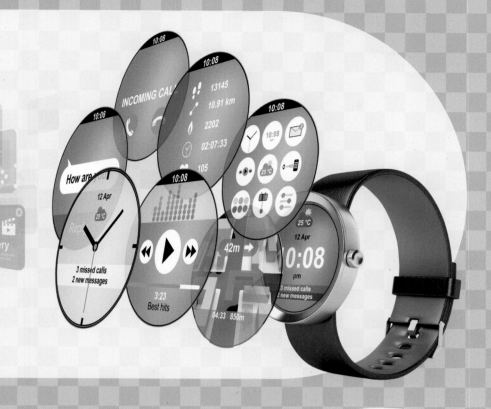

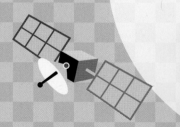

인간은 오래전부터 다양한 방식으로 의사소통해 왔습니다. 언어가 등장하기 이전에는 손짓·발짓 등으로 의사소통하였고, 언어가 등장한 이후에는 언어를 기록·보존·전달하기 위해 문자도 등장하였습니다. 그리고 전기가 발명되면서부터는 먼 거리까지 정보를 정확하게 전달할 수 있는 통신 기술도 개발되었습니다. 이후 통신은 빠르게 발전하여 오늘날에는 세계가 하나가 되는 세상에 이르렀습니다.

제1부에서는 통신의 역사와 종류 그리고 우리의 삶을 혁신적으로 바꾸어 놓은 컴퓨터와 인터넷의 발전 과정을 살펴봄으로써, 통신이 우리 생활에 어떠한 영향을 주는지 알아보겠습니다.

세상을
연결하는 통신

01 통신의 발달

우리는 일상생활에서 친구, 부모님, 선생님 등과 서로 간의 의사소통을 위해 전화, 인터넷, 휴대전화와 같은 다양한 통신 수단을 사용한다. 그렇다면 언어나 문자가 없었던 그 옛날부터 무선 이동 통신을 사용하는 오늘날에 이르기까지, 의사소통을 위한 통신 수단은 어떻게 변해왔을까?

사람과 사람 간의 의사소통을 위한 통신 수단은 아주 오래전 인류가 등장할 때부터 오늘날까지 계속 변화하고 발전하고 있다.

언어가 등장하기 전의 인류는 소리나 표정, 몸짓, 흉내, 그림 등을 이용하여 상대방과 의사소통을 하였는데, 그 모습은 라스코 동굴 벽화와 같은 유적에 잘 나타나 있다. 이후 동물의 울음소리나 자연에서 들리는 소리를 규칙적으로 정리하여 언어로 사용하기 시작하였고, 언어를 체계적으로 전달하고 보존하기 위해 문자가 등장하였다.

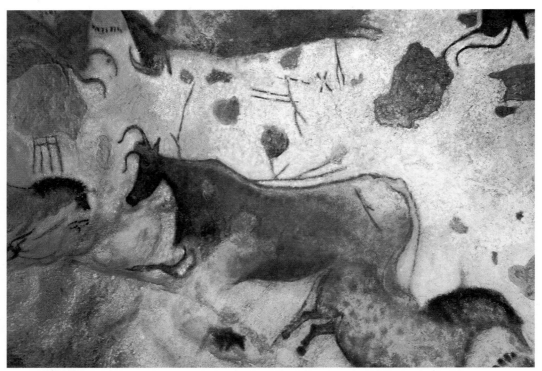

| **라스코 동굴 벽화** 프랑스의 도르도뉴 지방에 있는 동굴의 벽화로, 1940년에 발견된 구석기 시대의 유적이다. 벽화에 많은 그림이 그려져 있어서 구석기 시대를 연구하는 데 큰 도움을 주고 있다.

문자의 등장

현재까지 알려진 인류 최초의 문자는 기원전 3,000년경부터 고대 메소포타미아 지역의 수메르 인들이 사용한 설형 문자로, 쐐기 문자라고도 하는데 그 글자의 모습이 마치 쐐기와 같아서 붙여진 이름이다.

| **설형 문자**(cuneiform script) **또는 쐐기 문자** 설형 문자를 쓰는 데 종이 역할을 한 것은 진흙으로 만든 점토판이며, 갈대나 뼈 등이 펜 역할을 하였다.

ThinkGen
인쇄술의 발전이 우리 인류 문명의 발전에 어떤 영향을 미쳤을까?

문자의 등장은 의사소통 방식에 있어서 매우 중요한 의미를 가진다. 이를테면 문자를 통한 정보의 저장이 가능해짐으로써 멀리 떨어진 곳에 사는 사람들에게도 쉽게 정보를 전할 수 있게 되어 국가 간에 상호 교류의 기회가 확대되었다.

이렇듯 문자의 등장으로 시간과 장소를 뛰어넘어 경험과 지식을 전달할 수 있게 되어 인류의 사회·문화를 빠르게 발전시켰으며, 문자를 기록하기 위한 인쇄술의 발전은 인류 문명의 발전에 커다란 영향을 주었다.

아하
그렇구나

금속 활자로 만든 세계 최초의 책은 무엇일까?

우리나라의 「직지심체요절」은 금속 활자로 만든 책 중 세계에서 가장 오래된 것으로 고려 시대인 1377년에 만들어졌다. 현재 프랑스 국립 도서관에 소장되어 있으며, 상하 2권으로 되어 있다. 하지만 현재 보존하고 있는 것은 하권 1권뿐이다. 이 책은 불교에서 깨달음을 얻기 위해 스님들이 가져야 하는 마음가짐과 행동 중에서 가장 중요한 내용만을 기록한 것이다.

| **직지심체요절** 현재 유네스코 세계 기록 문화유산으로 지정되어 있다.

봉수 제도

문자를 이용한 의사소통은 이동 거리나 시간의 제약을 받는다. 이러한 점을 해결하고자 새로운 신호 전달 방법이 만들어졌는데, 대표적인 예가 봉수를 통해 정보를 전달하는 '봉수 제도'이다.

밤에는 봉(횃불), 낮에는 수(연기)로 위급한 상황을 알리는 통신 수단 ⤴

우리나라의 봉수 제도는 기원전부터 19세기 말까지 군사 정보의 전달뿐만 아니라 주민들의 안전을 위한 경계 정보 등의 수단으로 널리 쓰였다. 낮에는 연기, 밤에는 횃불을 주로 이용하였으며, 북소리·호각 소리와 같은 청각 신호, 깃발·신호용 연·화살과 같은 시

경상남도 기념물 제176호 사천 우산 봉수대 조선 세종 때 설치한 것으로 남해안이 한눈에 내려다 보이는 곳에 있다. 이 봉수대는 조선 고종 31년(1894) 봉수 제도가 폐지될 때까지 외적의 침입을 감시하였다.

각 신호도 정보 전달 수단으로 널리 사용되었다.

전기의 등장

18세기 들어 인류가 전기를 사용하게 되면서 전기를 이용한 통신 수단도 발명되기 시작하였다. 전기를 이용한 통신 수단은 이전에 비해 훨씬 먼 거리까지 빠르고 정확하게 정보를 전달할 수 있게 해 주었다.

1837년 미국의 모스(Samuel Finley Breese Morse)가 전기를 이용하여 점과 선으로 구성된 전

짧은 발신 전류(점)와 긴 발신 전류(선)를 섞어서 알파벳과 숫자를 표시한 것 ⤴

신 부호 체계인 모스 부호를 보낼 수 있는 전신기를 완성하면서 정보의 전달 시간도 짧아졌다. 이어서 1876년 미국의 벨은 소리를 직접 전달할 수 있는 유선 전화기를 발명하였으며, 1897년에는 이탈리아의 마르코니가 대서양을 건너 영국과 미국 사이의 3,200km 구간의 무선 통신 개발에 성공함으로써 무선 전신 시대가 열렸다. 무선 전신기의 발명은 달리는 기차나 항해 중인 배와 서로 통신할 수 있는 환경을 만들었다.

이처럼 전신기와 전화기의 발명은 통신 기술의 발전을 크게 앞당기는 계기를 마련하였다. 이후 많은 발명가가 전파에 정보를 실어 보내는 다양한 방법을 연구하였는데, 특히 라디오와 텔레비전의 발명으로 많은 사람이 방송을 통해 세계 여러 나라에서 일어나는 다양한 정보와 소식을 접할 수 있게 되었다.

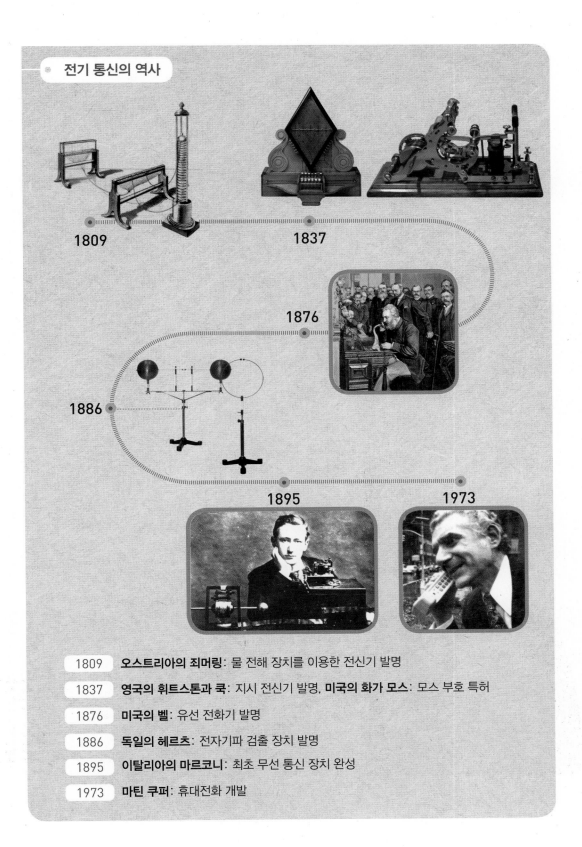

전기 통신의 역사

1809

1837

1876

1886

1895   1973

1809	**오스트리아의 죄머링**: 물 전해 장치를 이용한 전신기 발명
1837	**영국의 휘트스톤과 쿡**: 지시 전신기 발명, **미국의 화가 모스**: 모스 부호 특허
1876	**미국의 벨**: 유선 전화기 발명
1886	**독일의 헤르츠**: 전자기파 검출 장치 발명
1895	**이탈리아의 마르코니**: 최초 무선 통신 장치 완성
1973	**마틴 쿠퍼**: 휴대전화 개발

컴퓨터와 인터넷의 등장

20세기 이후에는 컴퓨터와 인터넷의 발달로 전 세계가 하나의 통신망으로 연결되어 원하는 정보를 주고받을 수 있는 환경이 만들어졌다. 최근에는 무선 이동 통신 기술이 발전하여 이동 중에도 자유롭게 통신을 할 수 있고, 언제 어디서나 네트워크에 접속할 수 있는 통신 환경이 펼쳐지고 있다.

모스 전신기는 어떻게 발명됐을까?

화가 겸 발명가 모스는 미국 매사추세츠 주 찰스타운에서 태어나 예일대학교를 졸업한 수재였다. 1832년 이탈리아 유학 생활을 마치고 미국으로 돌아오던 배에서 '전자기학'에 관한 내용을 우연히 접하게 된 것이 전신기 발명의 계기가 되었다.

당시 모스가 탄 배에는 미국의 전기학자 찰스 잭슨이 타고 있었는데, 잭슨은 배 위에 많은 사람을 모아 놓고 프랑스 파리에서 자신이 배운 전자석에 대해 설명하고 있었다. 모스는 사람들 틈에 끼여 전자기학에 대한 그의 설명을 듣고 난 후, 자신이 직접 전신기를 만들어 보기로 결심했다.

모스는 기계에 대해서는 문외한이었지만, 기계공 출신의 베일(Alfred Vail)의 도움을 얻어 전신기를 개발할 수 있었다. 실제로 모스의 발명품 가운데 상당수는 베일의 도움으로 만들어졌으나, 최초의 창안자인 모스의 업적으로만 남아 있다.

오랜 연구 끝에 1837년 모스는 독자적인 알파벳 기호와 자기 장치를 완성하게 되었는데, 그 기호를 개량한 것이 바로 모스 부호이다. 이후 몇 번의 발명을 거쳐 새로운 송신용 부호를 완성하였다.

1844년 5월 24일, 많은 사람 앞에서 모스는 그 유명한 "What Hath God Wrought?"라는 문장을 볼티모어의 베일 앞으로 송신하는 데 성공하였다. 여기서 "What Hath God Wrought?"는 성서의 한 구절로, "신은 무엇을 이룩하였는가?" 또는 "하느님이 행하신 일" 등으로 해석할 수 있다.

| 사무엘 모스(1791~1872) 그가 발명한 모스 전신기는 현재 워싱턴에 위치한 미국 국립역사기술 박물관에 보존되어 있다. | 국제적으로 통용되는 모스 부호

타이태닉호와 무선 통신

    1912년 4월 15일 이른 새벽, 영국의 사우샘프턴을 떠나 미국의 뉴욕으로 향하고 있던 초호화 유람선 타이태닉호가 빙산과 충돌하여 바다에 침몰하였다. 이 사고 소식을 처음으로 알려 준 것은 타이태닉호의 무선 통신이었다. 침몰 당시 타이태닉호는 무선 통신을 이용하여 구조 신호를 보냈으며, 100km 이상 떨어진 먼 곳에서 항해하고 있던 카르파티아호의 무선 수신기에 구조 신호가 수신되어 구조활동이 이루어졌다.

    당시 타이태닉호에는 1,000km가 넘는 곳까지 신호를 보낼 수 있는 무선 통신 시스템이 설치되어 있었다. 배에는 존 필립과 헤럴드 브라이드라는 두 명의 통신사가 타고 있었는데 존 필립은 구조 신호를 보내다 목숨을 잃었고, 헤럴드 브라이드는 살아남아 '타이태닉호의 영웅'으로 불리기도 하였다.

    타이태닉호의 침몰 사고는 단순한 취미 활동으로 여겨졌던 무선 통신이 긴급한 상황에서 중요한 연락 수단이 된다는 것을 깨닫는 계기가 되었다. 그러나 타이태닉호 구조 과정에서 전달된 수많은 정보 중에는 잘못된 정보도 많이 포함되어 있어 사람들을 혼란스럽게 만들기도 했다. 이러한 문제를 해결하기 위해 타이태닉호 사고 이후, 미국 정부에서는 아마추어 무선 통신 활동을 규제하는 법을 만들어 시행하게 되었다.

당시 보도된 신문 기사 대형 참사를 불러온 타이태닉호에서 그나마 700여 명을 구조할 수 있었던 것은 무선 통신의 힘이었다. 아울러 선박이 침몰 1시간 만에 15개 신문 지면을 통해 실린 기사 또한 무선 통신의 위력으로 평가되고 있다.

│ 침몰한 타이태닉호(시뮬레이션 영상)

O2 아날로그와 디지털

우리가 일상생활에서 사용하는 대다수 가전제품들은 디지털 형태를 띠고 있다. 그런가 하면 최근에는 디지털 기기에 아날로그 감성을 융합하여 만든 기기도 등장하고 있다. 이렇듯 디지털과 아날로그는 상호 보완적인 관계를 이루고 있는데, 각각 어떤 특징이 있을까?

아날로그와 디지털 제품의 차이는 우리가 일상생활에서 흔히 사용하는 다양한 기기를 통해 쉽게 구분할 수 있다. 예를 들어 시계의 경우, 시간·분·초를 나타내는 바늘이 움직여 시간의 흐름을 나타내는 것은 아날로그이고, 1·2·3과 같이 숫자를 이용하여 정확한 시간을 보여 주는 것은 디지털이다.

| **아날로그형** 눈금과 눈금 사이의 미세한 차이도 나타낼 수 있는 반면 눈금을 읽는 사람에 따라 약간씩 다르게 읽힐 수 있어서 정확성은 떨어질 수 있다.

| **디지털형** 숫자로 표현되므로 명확하며 일정하게 값으로 표현할 수 있다. 하지만 미세한 차이까지는 표현할 수 없다.

아날로그 신호와 디지털 신호

아날로그(analog)는 어떤 물질의 양 또는 데이터를 연속적으로 변환하는 물리량으로 표현하는 것이다. 우리가 자연에서 얻는 신호는 대개 아날로그로 빛의 밝기, 소리의 높낮이나 크기, 바람의 세기 등이 있다. 예를 들어 소리는 파형으로 표현이 가능하다. 이것은 연속적으로 이어져 있고 최대와 최솟값은 정해질 수 있어도 그 사이의 모든 값을 가질 수 있다. 이것이 아날로그의 특징이다.

이처럼 아날로그는 자연 상태 그대로의 신호이므로 자연스럽고 매우 작은 신호까지도 선명하게 잡아낼 수 있다. 그러나 조금의 변형이라도 일어나면 원래의 값으로 복원할 수 없으며, 먼 거리로 전송할 경우 힘이 약해지거나 도중에 잡음을 탈 수 있어 변질되기 쉽고 가공이 쉽지 않다. 이에 반해 디지털(digital)은 두 레벨(전압이 높을 때와 낮을 때)의 신호 값을 가지는데, 어떤 물질의 양 또는 데이터를 0과 1이라는 2진수 형태로 표현한다.

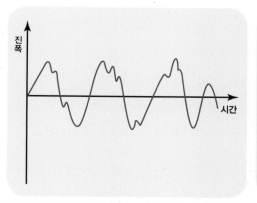

| **아날로그 신호 그래프** 아날로그 신호는 전류나 전압과 같이 연속적으로 변화하는 양을 표현한다.

| **디지털 신호 그래프** 디지털 신호는 신호의 흐름에 따라 0, 1과 같이 불연속적인 값으로 나타낸다.

| 아날로그 제품들

타자기

아날로그 TV

유선 전화기

노트북 컴퓨터

스마트 TV

스마트폰

| 디지털 제품들

디지털은 아날로그로부터 얻는다. 먼저 일정 시간 단위로 샘플을 수집하는데, 이 과정에서 연속적이라는 아날로그적 특성을 잃게 된다. 두 번째로 중간 값을 없앤다. 예를 들어 0부터 100까지 정수만 취한다고 했을 때 1.1는 1이 되고 1.8은 2가 된다. 이 과정에서 자연스레 잡음이 생기지만 사람이 느끼기에 아주 미비하다. 이렇게 얻어진 값을 직렬로 만들어 0 또는 1로만 표현하는데 예를 들어 3은 0000 0011, 5는 0000 0101로 표현된다. 이런 것이 디지털이다.

이렇게 표현된 디지털 신호는 나중에 원래의 신호로도 쉽게 복원될 수 있으며 변형되더라도 사람이 느낄 수 없는 정도를 정해서 변형시키게 된다. 이렇게 정보가 디지털화되면 먼 거리를 전송하거나 잡음으로 인해 신호가 변해도 0 혹은 1만 구분할 수 있으면 되므로 데이터의 손실이 없어지게 된다. 1이 0.9나 0.8로 변했어도 1로 인식할 수 있게 된다. 이로써 저장, 전송에 유리해지고 오랫동안 보관하여도 크게 손실될 우려가 없어진다.

오늘날에는 디지털 방송, 디지털 TV, 디지털 카메라 등 각종 디지털 기기를 이용하여 정보를 담아 가공하여 유·무선의 통신망으로 전송하고, 전송받은 정보를 디지털 모니터로 확인한 후 다시 디지털 기기에 저장하는 일들이 일상화되고 있다.

디지털 정보의 장점

첫째, 정보의 처리와 가공이 편리하다. 기술적인 표준만 정하여 정보를 처리하면 모든 정보는 상호 호환이 가능하다. 또한 정보를 분리하고 가공하는 것이 편리하다.

둘째, 정보의 전송이 편리하며, 데이터의 무결성이 유지된다. 즉 정보 전송 시 잡음이나 다른 신호 손상에 의한 영향을 받지 않는다. 또한 대용량의 정보를 작게 압축하여 빠르게 보낼 수 있다.

셋째, 정보의 표시나 저장이 쉽다. 표준화된 기기만 있으면 모든 정보를 표시하고 저장할 수 있다. 저장한 정보는 디지털 기기만 있으면 언제든지 불러내어 활용할 수 있으며, 다른 기기로 보내 재생해도 좋은 품질을 유지한다. 또한 저장된 정보를 시간이 지난 후에 활용해도 원본의 품질이 보장된다.

넷째, 많은 양의 정보를 신속하고 정확하게 받아 볼 수 있다. 인터넷에서 정보 처리 속도가 빨라짐에 따라, 원하는 내용의 인터넷 정보를 빠르게 검색하고 받아 볼 수 있다.

디지로그(digilog)는 디지털(digital)과 아날로그(analog)의 합성어로 디지털 기반의 기술과 아날로그의 정서가 융합하는 첨단 기술을 의미한다. 즉 디지로그는 디지털과 아날로그가 서로 보완적인 관계임을 강조하여, 가장 좋은 디지털이란 감성적이고 따뜻하며 인간적인 것이어야 한다는 생각이 중심에 있다.

디지로그
(digilog)

디지털 스케치 기기 기기에 종이를 끼우고 그 위에 특수펜으로 쓱쓱 스케치를 하면 이를 그대로 캡처하여 디지털 파일로 변환해 준다. 이 파일은 컴퓨터와 연결하여 각종 그래픽 프로그램에서 편집할 수 있다.

스마트 명함 기존의 종이 명함에 QR 코드를 넣어서 해당 코드를 인식하면 회사 홈페이지로 바로 연결되어 기존의 글로만 전하던 방식에서 벗어나 소리, 동영상, 이미지 등으로 더욱 자세한 본인 소개를 할 수 있다.

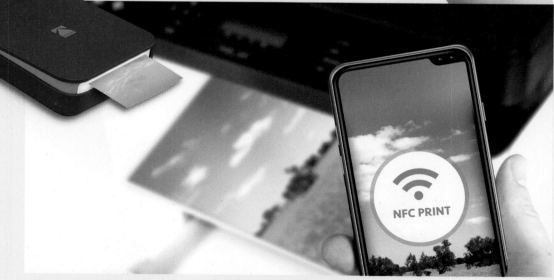

모바일 포토 프린터 스마트폰이나 태블릿 PC 등 디지털 기기로 찍은 사진들을 즉석에서 인화지로 인쇄할 수 있다.

O3 무선 통신

　우리가 달리는 기차 안이나 머나먼 외국을 여행하는 중에도 스마트폰을 이용하여 편리하고 신속하게 통화할 수 있는 것은 무선 통신 기술 덕분이다. 무선 통신 기술은 어떻게 발전했으며, 그 기술을 활용한 이동 통신 기술은 또한 어떻게 발전했을까?

　1876년 미국의 과학자이자 발명가인 벨은 먼 거리에 있는 사람과 서로 통신할 수 있는 유선 전화기를 발명하였다. 그러나 유선 전화기는 전화선이 연결되어 있어야만 서로 통신할 수 있었기 때문에, 발명가와 과학자들은 전화선 없이도 서로 통신할 수 있는 방법, 즉 무선 통신 기술을 연구하기 시작했다.

　그 옛날 아메리카 원주민의 연기를 이용한 신호나 조선 시대의 봉수를 이용한 통신 방식도 무선 통신의 한 방법이라 할 수 있다. 하지만 전신·전화와 같은 유선 통신에 비교되는 개념으로서의 무선 통신은 모스 부호를 이용한 무선 전신이 최초이다. 이후 라디오 방송과 같은 무선 통신 기술이 발달하였고, 20세기 초에는 여러 나라의 사람들이 직업이 아닌 취미 활동으로서 무선 통신을 즐기는 아마추어 무선인 햄(HAM) 기술도 발전하기 시작했다.

　20세기 후반 들어서는 이동 통신 기기의 등장과 보급으로 무선 통신 기술 이용자가 급

| 아마추어 무선 햄 장비

격히 증가하였으며, 관련 기술도 빠르게 발전하였다. 다양한 무선 통신 기술의 등장은 음성이나 *인쇄 전신 부호 등과 같은 간단한 정보의 전달을 뛰어넘어 영상 및 데이터의 전송도 가능하게 했다.

무선 이동 통신 기술은 발전 단계에 따라 1G(1세대)부터 현재의 5G(5세대)까지 나뉜다. 이렇게 세대를 나누어 구분하는 이유는 이전 세대와 구별되는 기술의 커다란 발전이나 변화가 있기 때문이다. 우리나라는 2018년 12월 1일부터 5G 무선 이동 통신을 세계 최초로 개통했다.

1G~5G에 쓰인 'G'는 Generation의 약어로 '세대'를 의미합니다. 처음부터 G를 붙여 사용한 것은 아니고 3G부터 자연스럽게 붙여 사용했지요.

| ⌒코드 분할 다중 접속 | ⌒광대역 코드 분할 다중 접속 | ⌒3세대 이동 통신 진화 기술 |

아날로그	CDMA	WCDMA	LTE
1G	2G	3G	4G
전화(음성 통화)만 가능	디지털(전화와 문자도 가능, CDMA, 011)	USIM 생김(화상 통화 가능, 인터넷 가능)	와이브로 LTE, LTE-A, 광대역 LTE, 광대역 LTE-A ⌒4세대 이동 통신 규격

〈출처〉LG이노텍

아하 그렇구나

5G로 실현될 새로운 세계는 어떤 모습일까?

교통	의료	농업	공공서비스
5G의 실시간 연결성으로 접근하는 차량을 감지함으로써 교통 신호 등을 이용한 교차로 관리의 효율성이 높아진다. 스스로 운전하면서 다른 차량과 통신하는 자율 주행 차량 같이 5G에 최적화된 엣지 기기를 더 원활하게 지원할 수 있다.	의사는 가상 현실을 이용해 다른 장소에 있는 환자를 치료할 수 있다. 의료진은 막대한 양의 의료 데이터에 즉각적으로 액세스할 수 있는 인공 지능(AI)을 이용하여 더 빠르고 정확하게 진단하고 치료 방안을 수립할 수 있다.	5G는 트랙터·수확기 같은 자율형 농기구에 명령을 내려 효율성을 높이고, 드론을 조작하여 작물 상태·토질 및 수분의 변화를 감지하고, 살충제·물 또는 비료를 필요한 양만 정확하게 투입할 수 있다.	5G는 경찰, 구급차, 소방차 등 공공 서비스의 조율을 간소화하여 비상 대응 서비스를 지원할 수 있다. 비상 대응 요원은 목적지를 정확히 가려낼 수 있고, 재난 대응의 효율성이 향상되어 보다 포괄적인 지원을 제공할 수 있게 된다.

*
인쇄 전신 부호 문자나 기호 등을 인쇄 전신기를 통해 송수신할 때 특정 부호로 변환하여 전송하는데, 이때 사용하는 부호를 의미한다.

1G, 아날로그와 벽돌폰 세대

1973년에 등장한 세계 최초의 개인용 휴대전화인 모토로라(motorola)사의 다이나택은 '벽돌폰'이라 부를 정도로 기기의 크기가 컸다. 1세대 휴대전화와 함께 등장한 차량용 휴대전화기인 '카폰'은 자동차 내부

| 차량용 휴대전화기인 '카폰'의 지면 광고

| 최초의 휴대전화 다이나택8000X

에 설치하여 사용했는데, 일반 휴대전화에 비해 통화 성능이 좀 더 뛰어났다.

1세대 이동 통신은 아날로그 방식의 기술로 만들어져 통화 품질이 좋지 못했고, 음성 통화만을 할 수 있었다. 또한 가입자 수가 많아지면서 주파수 부족 문제가 발생하였고, 가격이 매우 비싼 단점이 있었다.

2G, 디지털 세대

1996년 이동 통신 기술이 아날로그 방식에서 디지털 방식으로 바뀌면서 2G 시대가 열렸다. 2G의 특징은 음성 신호를 0와 1의 디지털 신호로 변환하여 사용하고, 음성뿐만 아니라 문자와 같은 데이터 전송도 시작했다는 점이다.

2G 이동 통신 방식에는 유럽식인 GSM(Global System for Mobile communications, 시분할 다중 접속) 방식과 미국식인 CDMA(Code Division Multiple Access, 코드 분할 다중 접속) 방식 두 가지가 있었는데, 우리나라에서는 CDMA 방식을 표준으로 채택하여 사용했다. 이로 인해 국내에서 쓰던 휴대전화를 GSM 방식을 채택한 다른 나라에서 사용하기 위해서는 새로 사야 하는 문제가 발생하기도 했다.

✎ 비동기식 기술로 각 기지국에서 시간을 맞춰서 사용하는 기술

✎ 동기식 기술로 미국의 GPS 위성 신호로 모든 시간을 맞춰서 사용하는 기술

2G 시대에 들어와서는 휴대전화의 크기가 한 손에 쥘 수 있을 정도로 작아지기 시작했고, 바·플립·폴더·슬라이딩 형태 등 다양한 모양의 휴대전화가 등장했다. 그러나 2G 이동 통신은 음성 통화 중심으로 만들어졌기 때문에 고속의 데이터 통신을 지원하지는 못했다. 현재 우리나라는 2G 서비스를 하지 않고 있다.

| 폴더형 | 슬라이딩형

3G, 스마트폰의 세상 3G 이동 통신 기술은 음성 및 문자 전송 속도가 최대 2Mbps까지 빨라지면서 화상 통화와 같은 멀티미디어 통신이 가능해졌다.

아울러 *유심(USIM)이라는

| 휴대전화로 영상 통화하는 모습

작은 칩을 사용하기 시작했다. 2G까지는 휴대전화에 개인의 모든 통신 정보가 담겨 있어서 새로운 기기로 바꾸려면 개인의 이동 통신 정보를 모두 새로 저장해야 했다. 하지만, 3G에 와서는 기기를 새로 바꾸더라도 개인 정보가 담긴 유심칩만 갈아 끼우면 새로운 기기를 바로 사용할 수 있게 되었다. 3G 초기에는 피처폰(feature phone)이 사용되었으나, 2008년 들어 3G 통신망과 앱 스토어를 ^{↰ 카메라, 음악 재생과 같은 특정 기능을 넣은 휴대전화} 통해 사용자가 원하는 앱을 설치하여 기능을 확장할 수 있는 스마트폰으로 진화하면서 새로운 통신 시장이 열리게 되었다.

4G, 통신 고속 도로 4G 이동 통신 기술은 3G보다 전송 속도가 10배 이상 빨라졌다. 이로 인해 이동하면서도 고화질의 동영상과 같은 멀티미디어 콘텐츠를 끊김 없이 이용할 수 있게 되었다. 우리나라에서 4G 서비스는 2011년 7월부터 시작했으며, 현재 대부분 스마트폰은 4G LTE 지원 모델이다.

4G에서는 하나의 단말기로 위성망, 무선랜, 인터넷 등을 모두 사용할 수 있기 때문에 스마트폰 하나만으로도 음성, 화상, 멀티미디어, 인터넷, 음성 메일, 인스턴트 메시지 등의 서비스를 이용할 ^{↰ 인터넷에 접속한 사람과 실시간으로 메시지를 주고} 수 있게 되었다. ^{받는 서비스}

5G, 초연결 사회 5세대 이동 통신은 2018년부터 상용화된 무선 네트워크 통신 기술이다. 5G를 사용하면 속도, 대기 시간, 대역폭 측면에서 이전보다 많은 이점을 누릴 수 있다. 소비자는 다운로드 속도 향상, 소셜 미디어의 버퍼링 감소, 4K 모바일 게임 플레이뿐 아니라 훨씬 더 개선된 가상 현실을 경험하게 될 것이다. 막대한 양의 데이터를 즉각적으로 전송할 수 있는 이 5세대 무선 기술은 디지털 세계와 현실 세계를 거의 완벽하게 연결해 줄 것이다.

---

*
  유심(USIM: Universal Subscriber Identify Module) 가입자 식별 정보나 주소록, 금융 정보 등을 담고 있는 소형 칩(chip)으로 모바일용 신분증이라고 할 수 있다. 최근에는 교통 카드나 신용 카드 등의 부가 기능을 제공한다.

04 라디오 방송

지금처럼 인터넷이나 디지털 방송 등이 우리 일상에서 중요한 역할을 하기 이전에는 라디오가 중요한 여가 수단이자 즐거움을 주는 기기였다. 최근에는 다양한 정보 기기의 발달로 라디오의 비중이 많이 줄어들었지만, 그래도 우리 일상생활에서 라디오 방송은 여전히 친근한 존재라고 할 수 있다. 라디오와 라디오 방송은 어떻게 변화되고 있을까?

얼마 전까지만 해도 사람들은 주로 라디오를 통해서 음악이나 뉴스를 듣고, 일기 예보와 같은 각종 정보도 얻고, 스포츠 중계방송 등을 접했다. 이처럼 라디오는 사람들의 일상에 유용한 정보 제공자이자 평온한 휴식과 더불어 스트레스까지 해소시켜 주는 친근한 기기였다. 라디오 방송의 장점은 소리로만 메시지를 전달하므로 상상력을 유발시킬 수 있으며, 언제 어디서나 청취가 가능하다는 것이다. 또한 다른 일을 하면서도 청취할 수 있고, 청취자가 프로그램에 쉽게 참여할 수도 있다.

라디오의 탄생

무선 통신의 발명을 시작으로 소리를 전기 신호로 바꾸고, 이것을 다시 멀리 떨어진 장소로 보낼 수 있는 전자기파로 만드는 방법을 발명하면서 등장한 라디오는 인류의 생활을 크게 바꾸어 놓았다.

초기의 라디오 수신기는 라면 상자 정도의 크기였지만, 손톱만한 크기의 트랜지스터 소자를 전자 회로의 부품으로 사용하기 시작하면서 라디오는 점차 소형화·경량화되었고, 소비 전력이 적은 제품들도 탄생하게 되었다. 트랜지스터라디오는 크기가 작아진 전기 회로를 사용한 최초의 가전제품이었다. 1960년대 들어 트랜지스터라디오가 본격적으로 보급되면서부터 사람들은 언제 어디서나 음악을 듣는 유행이 생겨나기 시작했다. 또한 대부분의 트랜지스터라디오는 이어폰을 사용할 수 있었기 때문에 주위 사람들에게 피해를 주지 않고 혼자서 음악을 즐길 수도 있었다.

| 트랜지스터 1947년에 만들어진 전자 회로의 구성 요소로, 전류나 전압의 흐름을 조절하고 증폭할 수 있는 소자이다.

| 리젠시 TR-1 라디오 대량 생산된 최초의 트랜지스터라디오(1954년, 미국). 이 제품이 처음 시장에 판매될 때는 대당 50달러(현재 가치로 보면 약 400달러 정도)로 가격이 매우 높아서 많이 팔리지 않았는데, 가격을 10달러 이하로 낮추자 많은 사람이 구매하기 시작했다.

라디오 방송의 역사

1888 독일의 물리학자인 H.R. 헤르츠(Heinrich Rudolf Hertz)가 전파 실험을 통해 최초로 전자기
파의 존재를 입증 *전기장과 자기장이 시간에 따라 변할 때 발생하는 파동*

1896 이탈리아의 G. 마르코니(Guglielmo Marconi)
가 무선 전신 장치를 발명하여 전파로 이용하는
전기를 이용하지 않고 전자기파를 이용하여 문자나 숫자 등을
무선 통신에 성공 *전기 신호로 바꾸어 전류로 주고받는 통신*

1907 라디오의 아버지라고 불리는 미국인 발명가 리 디 포
리스트(Lee de Forest)가 신호를 증폭하고 전송할 수
있는 삼극 진공관을 발명하면서 라디오 방송이 가능해짐.

| 포리스트가 개발한 최초의 삼극 진공관

"승객 50명 이상을 승선시킬 수 있는 선박은 잘 작동하는 라디오 커뮤니케이션을 위한 효율적인 장치를
1910 미국 선박무선법(라디오를 언급한 최초의 입법) 통과 *갖추지 않는 한 항구를 떠날 수 없다."는 내용*

1912 미국 라디오법에 의해 방송 면허제를 실시. 방송(broadcasting)이란 말은 미 해군에 의해
처음으로 사용되었으며, "명령을 무선으로 한꺼번에 여러 군함에 보낸다"는 의미로 사용됨.

1916 뉴욕에서 라디오 정규 방송 시작

1917 독일 서부 전선에서 라디오 실험 방송 실시

1920 미국 피츠버그에 KDKA국을 개국하여 음악
방송 시작

1922 미국 WEAF국이 최초의 상업 광고(부동산 광
고)를 실시. 영국방송협회(BBC)에서 최초로
뉴스 프로그램 방송 개시

| 1920년대 라디오 수신기

1923 최초의 정규 네트워크 프로그램을 편성(뉴욕과 보스턴
을 연결하여 동시 방송 실시)

1925 일본 도쿄와 나고야에서 라디오 방송 개시

1933 미국의 암스트롱(Edwin Armstrong)이 FM 기술을 개발

1949 서독에서 FM 시험 방송 개시

1995 영국 BBC에서 디지털 라디오를 첫 전파

| FM 기술을 발명한 에드윈 암스트롱

1970년대 들어 컬러텔레비전 방송 서비스가 시작되고, 1990년대 이후에는 인터넷의 등장으로 라디오 방송의 인기가 떨어지면서 현재는 방송 주파수의 수를 줄이거나 방송국을 없애는 경우도 생겨나고 있다. 한편, 인터넷을 비롯한 뉴 미디어의 등장은 '팟캐스트(podcast)'라는 새로운 미디어 방송이 탄생하는 데 영향을 주었다. 여기에서 팟캐스트는 애플의 아이팟(iPod)과 방송(broadcasting)을 합성한 용어로 기존 라디오 방송과는 달리 인터넷을 통해 목소리나 음악 콘텐츠를 제공하는 인터넷 라디오를 말한다.

최근에는 아날로그 방식이었던 FM 라디오 방송이 디지털 방식으로 바뀌어 '보는 라디오' 시대가 열렸다. 디지털 방식의 라디오 방송은 방송 음질이 CD 수준으로 좋아졌으며, 서로 대화나 의견을 주고받을 수 있는 쌍방향 데이터 방송이 가능해졌다. 이로 인해 라디오 방송을 통해 음악을 들으면서 노래 가사나 가수의 화보 등을 볼 수 있고, 날씨·교통 등 생활 정보도 실시간으로 볼 수 있게 되었다.

| 팟캐스트 방송 목록 팟캐스트에는 음악, 시사, 코미디, 교육 등 다양한 장르의 방송 채널들이 등장하고 있다. 팟캐스트는 누구나 참여할 수 있고, 스스로 채널을 만들 수도 있다. 또한 방송 시간에 맞춰 듣지 않아도 언제든지 스마트폰을 통해 다운로드하여 원하는 시간과 장소에서 자유롭게 이용할 수 있다는 장점이 있다.

| 아날로그 라디오 청취자들은 일방적으로 방송국에서 보내오는 방송을 들을 수만 있었다.

| 디지털 라디오 청취자들이 실시간으로 방송에 참여할 수도 있고 다양한 정보를 바로 접하는 등 쌍방향 방송 시대가 되었다.

질문이요 라디오 DJ는 방송국 라디오 부스 안에서 프로그램을 진행하는데, 우리는 어떤 원리로 그 소리를 들을 수 있을까?

방송국에서 소리나 음악을 전기 신호로 바꾸어서 그것을 전파로 실어 송신 안테나로 보내면, 라디오의 수신 안테나는 이 전파를 받아 다시 소리나 음악으로 재생하고, 우리는 스피커를 통해 이 소리를 듣게 된다. 각 방송국은 서로 다른 주파수를 내보내므로 원하는 라디오 방송을 들으려면 해당 방송의 주파수에 라디오를 맞춰야 한다.

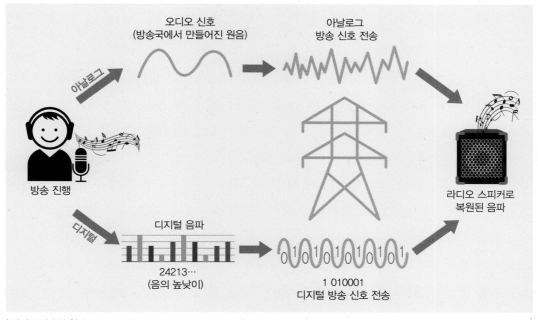

| 라디오 방송의 원리

우리나라 최초의 라디오는?

 아하 그렇구나

LG전자의 전신인 금성사는 1959년 우리나라 최초의 국산 라디오인 'A-501'을 만드는 데 성공했다. 국내에서 처음 만든 라디오였음에도 불구하고, 부품 중 진공관과 스피커 등 일부 중요한 부품만 외국에서 들여왔고 나머지 60% 이상은 자체적으로 만들어 사용했다.

A-501은 처음에 80만 대 정도가 생산되었는데 가격은 2만 환 정도였다. 당시 쌀 한 가마니 가격이 1만 8,000환이었고, 비슷한 외국산 라디오는 3만 3,000환 정도였다고 한다.

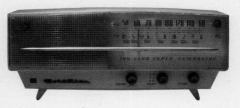

| A-501 라디오

05 컴퓨터

정보 기술의 발달로 컴퓨터(computer) 크기는 작은 가방에 들어갈 만큼 작아졌지만, 성능은 점점 더 발전하고 있다. 컴퓨터는 어떤 목적으로 등장했으며, 어떻게 발달해 왔을까?

인류의 생활에 커다란 변화를 가져온 컴퓨터가 등장한 지도 벌써 60여 년이 지났다. 그동안 컴퓨터는 많은 발전을 거듭하여 현재는 초기의 컴퓨터와 비교할 수 없을 만큼 크기도 작아지고 성능 또한 우수해졌다. 아울러 초기에는 주로 전문가만 사용할 수 있었지만, 이제는 남녀노소 누구나 쉽게 다룰 수 있을 정도로 사용법도 쉬워졌다.

컴퓨터의 기본 기능인 빠르고 정확한 계산에 대한 인간의 바람은 오래전부터 있었다. 기원전 2,400년경 바빌로니아에서부터 사용한 흔적이 나타난 주판은 세계 최초의 계산기라 할 수 있다. 이후 1642년 수학자이자 철학자였던 파스칼이 개발한 덧셈과 뺄셈이 가능한 기계식 계산기, 1670년대 라이프니츠가 파스칼의 계산기를 개량하여 제곱 계산과 사칙 연산이 가능하도록 개발한 라이프니츠 계산기, 1889년 미국의 홀러리스가 종이 카드에 구멍을 뚫어 자료를 처리할 수 있게 개발한 천공 카드 시스템(PCS)에 이르기까지 컴퓨터를 개발하기 위한 기술적 발전은 계속되었다.

19세기경 영국의 수학자 배비지는 천공 카드로 자료를 입력하면 연산 장치가 자동으로 계산하도록 설계한 해석 기관을 만들었으나, 일부만 완성하는 데 그쳤다. 그러나 1944년 미국의 에이컨은 이 해석 기관의 원리를 이용하여 전기 기계식 자동 계산기인 '마크-Ⅰ'을 개발하였다.

제2차 세계 대전 중인 1946년 미국

| 세계 최초의 기계식 계산기 '마크-Ⅰ(MARK-Ⅰ)'

펜실베이니아대학의 모클리와 에커트 교수는 포탄의 탄도 거리 계산을 목적으로 세계 최초의 전자식 컴퓨터인 에니악(ENIAC)을 개발하였다. 에니악은 19,000여 개의 진공관을 이용한 컴퓨터로 무게가 무려 30t에 달하는 어마어마한 크기였다. 에니악 컴퓨터는 사람의 손으로 일일이 계산하던 작업에 비하면 상상할 수 없을 만큼 빠른 성능을 가졌다. 하지만 프로그램을 배선반에 일일이 배선하는 외부 프로그램 방식이었기 때문에 새로운 수식을 입력하려면 많은 시간이 걸렸고, 수식을 바꾸려면 진공관의 연결선을 모두 새롭게 배치해야 했으며 많은 전력을 소모하는 단점이 있었다.

에니악 컴퓨터에서 사용한 외부 프로그램 방식의 단점을 보완하기 위해 1945년 미국의 수학자 폰 노이만은 기억 장치에 미리 컴퓨터의 명령이나 데이터를 기억해 놓고 실행하는 *프로그램 내장 방식을 발표하였다. 이어서 1949년 영국 케임브리지대학에서 세계 최초로 프로그램 내장 방식을 사용한 전자식 컴퓨터 에드삭(EDSAC)을 개발하였고, 미국에서는 1952년 폰 노이만이 전자식 프로그램 내장 방식을 사용한 컴퓨터 에드박(EDVAC)을 개발하였다.

| 에드삭(EDSAC)과 개발자 모리스 윌크스

| 에드박(EDVAC)과 개발자 폰 노이만

컴퓨터에 사용되는 프로세서와 기억 소자는 1950년대의 진공관을 시작으로 트랜지스터, 다시 집적 회로 및 고밀도 집적 회로 등으로 더 작게, 더 빠르게 진화를 거듭했다. 이 영향으로 컴퓨터의 크기는 더 작아지면서 성능은 월등하게 향상되었으며, 이용 범위도 확대되어 가정은 물론 산업 사회의 여러 분야에서 다양하게 이용되고 있다.

*────────

프로그램 내장 방식 당시 컴퓨터는 작업을 할 때마다 새롭게 프로그램을 설치해서 사용해야 했기 때문에 매우 불편하였다. 이런 불편을 해결하기 위해 필요한 프로그램이나 데이터를 매번 외부로부터 받는 것이 아니라, 컴퓨터 내부의 기억 장치에 저장해 놓고 프로그램의 각 명령어를 순서대로 꺼내어 해독하고 실행하게 한 프로그램 내장 방식을 개발하였다. 이 방식은 오늘날의 모든 컴퓨터 설계의 기본이 되고 있다.

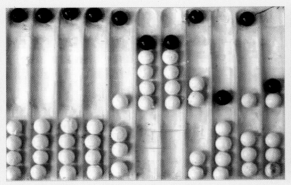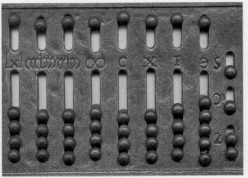

| B.C. 2400년경 주판 바빌로니아에서 인류 역사상 최초의 계산기인 주판을 개발하여 사용하기 시작함(사진은 고대 주판)

| 1642년 파스칼의 기계식 계산기인 파스칼린 개발 톱니바퀴를 이용하여 덧셈과 뺄셈 계산이 가능

| 1673년 라이프니츠 계산기 파스칼의 계산기를 계량하여 덧셈, 뺄셈은 물론 곱셈과 나눗셈까지 계산 가능한 계산기 개발

| 1822년 찰스 배비지의 차분 기관(좌)과 해석 기관(우) 다항식을 계산하여 로그 값을 계산하는 용도로 설계한 차분 기관, 그리고 한 단계 더 발전시켜 범용적인 계산을 가능하게 한 해석 기관 개발(오늘날 컴퓨터의 원형 제시)

컴퓨터의 역사

'계산하다'라는 뜻을 가진 컴퓨터는 라틴 어인 'computare'에서 유래되었다.

| 1890년 홀러리스가 개발한 천공 카드 시스템(PCS; Punch Card System) 종이 카드에 구멍을 뚫어 데이터를 입력하고 분류하는 장치

| 1946년 세계 최초의 컴퓨터 에니악(ENIAC) 외부 프로그램 방식을 사용하였기 때문에 기억 장치에 명령어나 데이터를 저장할 수 없어 다목적으로 사용할 수 없었음. 탄도 계산, 날씨 예측, 원자폭탄 개발 등에 활용

| 1977년 애플 II 개인용 컴퓨터의 등장

| 1981년 IBM PC 등장 컴퓨터 대중화 시대 개막

컴퓨터의 세대별 분류

일반적으로 컴퓨터는 사용되는 주요 소자나 프로세서 등에 따라 1세대부터 5세대까지 나눌수 있다.

1세대 컴퓨터(1951~1958) 주요 소자로 진공관을 사용하다 보니 전력 소모가 많았고, 열이 많이 나서 타 버리는 문제가 자주 발생했다. 이로 인해 열을 식히기 위한 냉각 장치가 필요했고 컴퓨터의 부피가 매우 커서 설치할 때 넓은 공간이 필요한 것 등 단점이 많았다. 또한 컴퓨터를 작동시킬 프로그래밍 언어로 기계가 이해할 수 있는 *저급 언어(기계어)를 사용했기 때문에 사람

| **진공관** 유리나 금속으로 만든 관 안을 진공으로 만들고 전극을 넣어 전류가 흐르도록 만든 것. 진공 상태에서 전자의 흐름을 이용하여 정류·증폭 등의 기능을 하게 하는 전자 회로 소자이다.

들이 쉽게 이해하기 어려워 익히는 시간도 많이 걸렸다.

2세대 컴퓨터(1958~1963) 주요 소자로 트랜지스터를 사용했다. 트랜지스터는 1세대의 진공관에 비해 크기가 작아 컴퓨터의 소형화가 시작되었다. 아울러 소비 전력이 낮아 냉각기의 필요성이 줄어들었으며, 고장이 적어 신뢰성이 높아졌다. 2세대 컴퓨터에서 사용한 프로그래밍 언어는 FORTRAN, COBOL, ALGOL과 같은 인간 중심의 *고급 언어이다.

| **트랜지스터** 반도체에 3종류의 전극을 부착하여 전기 신호를 증폭, 제어, 발생하는 데 사용하는 회로 소자이다.

*
———————
저급 언어 기계는 0과 1, 두 가지 신호만 이해할 수 있다. 이처럼 0과 1로 이루어진 언어를 기계어라고 하고, 기계어를 간단한 문자로 표시한 것을 저급 언어라고 하며, 기계 중심의 언어이다.
고급 언어 사람들이 서로 의사소통하기 위해 필요한 것이 언어이다. 컴퓨터를 작동시키기 위해서도 일을 지시하기 위한 언어가 필요한데, 이것을 프로그래밍 언어(programming language)라고 한다. 고급 언어는 인간이 이해하기 쉬운 인간 중심의 언어이다. 기계어에 비하여 인간이 일상에서 사용하는 자연 언어에 한층 가까운 컴퓨터 언어를 통틀어 이르는 말이다.

3세대 컴퓨터(1964~1970) 주요 소자로 반도체로 만든 작은 판 위에 전자 회로의 집합인 집적 회로(IC)를 사용했다. 집적 회로의 사용으로 컴퓨터는 훨씬 소형화 · 경량화되었으며, 기억 용량은 더 커지는 등 성능이 향상되었다. 또한 컴퓨터의 처리 속도가 빨라지면서 여러 작업을 동시에 처리할 수 있는 다중 프로세싱

| **집적 회로** 수백 개의 트랜지스터와 다이오드, 저항 등 여러 회로 소자를 하나의 칩(또는 기판)에 집적하여 특정한 전자 회로 기능을 실현하는 소자이다.

방식이나, 여러 사용자로부터 입력된 작업을 컴퓨터 내의 처리기(프로세서)가 시간을 나누어 수행하는 시분할 시스템 방식이 적용된 운영 체제도 개발되었다.

4세대 컴퓨터(1971~1983) 주요 소자로 고밀도 집적 회로(LSI)를 사용했다. 기존의 집적 회로보다 신뢰성이 높으면서 기기는 더욱 소형화되었다. 특히 주기억 장치로 반도체 기억 소자가 널리 사용됨으로써 기억 용량이 확대되었고, 입출력 장치가 다양해졌다. 이 시기에는 컴퓨터의 이용 기

| **고밀도 집적 회로** 하나의 칩에 1,000~10만 개의 소자를 집적시켜 전자 부품의 소량화 · 경량화를 이루었다.

술이 빠르게 발달하고, 이용 분야 또한 광범위해지면서 컴퓨터 이용 인구가 급격히 증가하였다.

5세대 컴퓨터(1984~) 주요 소자로 초고밀도 직접 회로(VLSI)를 사용했다. 초고속 · 대용량의 전자 회로를 내장하고 추론 · 학습 · 연상 등이 가능한 인공 지능을 가진 첨단 컴퓨터 시스템을 말하며, 신세대 컴퓨터라고도 한다. 5세대 컴퓨터는 인간과의 상호 작용이 간편화되고 인공 지

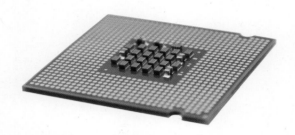

| **초고밀도 집적 회로** 10만~100만 개 이상의 소자를 집적시킨 소자이다.

능, 전문가 시스템, 멀티미디어 데이터 처리 등 더 복잡한 작업을 수행할 수 있어서 고도의 시스템 분야에 활용하고 있다.

최초의 프로그래머는 여성?

세계 최초의 프로그래머는 19세기 사람으로, 당시 27세였던 에이다 러브레이스이다. 에이다는 영국의 낭만파 시인 바이런의 딸이기도 하다.

| 에이다 러브레이스(Ada Lovelace, 1815~1852)

그녀는 태어날 때부터 몸이 매우 약해서 가정 교사로부터 수학과 과학을 배웠는데, 17살부터 놀라운 재능을 보이기 시작했다고 한다.

1842년 이탈리아 수학자 루이지 메나브레가 찰스 배비지의 강연을 듣고 난 후 배비지의 연구를 프랑스 어 논문으로 작성하였는데, 이 논문을 영어로 번역하는 일을 에이다가 하게 되었다. 이 번역 과정에서 에이다는 본문 내용의 두 배에 달하는 주석을 논문에 추가하여, 또 다른 논문을 완성했다.

이 논문에서 에이다는 해석 기관을 이용하여 같은 공식을 반복하는 루프(loop), 사용한 공식을 일부 다시 사용하는 서브루틴(subroutine), 그리고 구문을 뛰어 실행하는 점프(jump)의 개념과 조건을 비교한 후 실행하는 IF 구문을 구현할 수 있음을 설명했다. 에이다는 기계가 단순히 계산하는 것을 뛰어넘어 주어진 조건에 따라 결정을 내리고 논리를 구성할 수 있다는 프로그래밍의 핵심을 만들어 낸 것이다. 또 그녀는 프로그램을 통해 음악을 작곡하거나 그림을 그리는 일도 가능할 것이라 예측하기도 했다.

안타깝게도 에이다는 36살이라는 젊은 나이에 병으로 사망했는데, 그녀의 업적을 기려 1983년 미국 국방부가 개발한 새로운 컴퓨터 프로그래밍 언어에 그녀의 이름 에이다를 붙여주기도 했다.

| 과학, 기술, 공학, 수학 등에서 놀라운 업적을 남긴 에이다 러브레이스의 탄생 200주년을 기념하는 영국 런던의 과학박물관(Science Museum)의 특별 전시 모습

06 인터넷

오늘날 인터넷(internet)이 우리 생활에 깊숙이 자리 잡으면서 시간과 공간을 초월하여 전 세계는 하나가 되고 있으며, 우리는 실시간으로 지구촌의 소식들을 접하고 있다. 인터넷은 언제, 어떻게 등장했을까?

✍ 세계 최대의 컴퓨터 통신망

인터넷이 우리 생활에 자리 잡기 이전에는 외국에 사는 사람들과 정보를 주고받으려면 국제 전화나 편지 등을 이용할 수밖에 없었는데, 이것도 아주 소수의 사람 사이에서만 이루어진 소통 방법이었다. 그러나 인터넷이 등장하면서 전 세계 사람들은 시간과 공간을 초월하여 다양한 정보를 공유하면서 소통할 수 있게 되었다. 이에 따라 인류 생활에 커다란 변화가 일어났는데, 이러한 변화를 가리켜 농업 혁명, 산업 혁명과 함께 인터넷 혁명이라고 한다.

✍ 네트워크의 전송 통신 규약

인터넷은 전 세계에 흩어져 있는 컴퓨터들이 서로 네트워크로 연결되어 TCP/IP라는 통신 프로토콜을 이용하여 정보를 주고받는 시스템을 뜻한다. 인터넷이란 명칭은 1973년 TCP/IP의 기본 개념을 생각해 낸 빈튼 서프(Vinton Gray Cerf)와 밥 칸(Bob Kahn)이 지구 상의 모든 컴퓨터를 하나의 통신망 안에 연결(Inter Network)하려는 의도에서 단어를 줄여 인터넷

✍ 통신 프로토콜이 다르거나 같은 여러 개의 통신망을 상호 접속하여 형성한 통신망의 집합체

(Internet)이라고 발표한 데서 시작되었다.

네트워크는 다수의 컴퓨터를 유선이나 무선의 통신 매체로 연결하여 서로 정보를 주고받을 수 있게 한 통신 체계이다.

인터넷은 1960년대 미국 국방성의 고급 연구 프로젝트 기구(ARPA)에서 다양한 연구자들이 연구 결과를 공유하기 위해 통신망을 이용하는 방법을 찾으면서 시작되었다. 이후 전쟁과 같은 큰 재난이 발생할 경우를 대비하여 중요한 정보를 여러 지역에 있는 컴퓨터에 분산시켜 놓음으로써, 유사시 특정 지역의 시스템이 파괴되더라도 다른 통신망을 통해 정보를 안정적으로 주고받기 위해 구축한 통신망이 아르파넷(ARPANET)이다. 이후 통신망은 민간 연구용의 아르파넷과 군사용 밀넷(MILNET)으로 분리되어 발전했으며, 1983년부터 아르파넷은 오늘날 우리가 세계적으로 사용하는 인터넷으로 발전하였다.

1980년대 말부터 인터넷망의 보급 속도가 빨라졌다. 초기 인터넷은 주로 메일을 주고받는 등의 통신 목적으로만 사용되다가 1989년 영국의 팀 버너스 리(Tim Berners Lee) 박사가 다양한 문자나 그림·음성 등으로 어우러진 멀티미디어 정보를 시각적으로 표현할 수 있는 인터넷 표준 문서 형식(HTML)을 규정하고, 문서 속의 특정 항목들이 서로 연결 고리를 통해 문서에서 문서로 연결(하이퍼텍스트)되게 하는 정보 검색 시스템을 개발함으로써 인터넷은 한 단계 더 진화하게 되었다. 이것이 '월드와이드웹(WWW; World Wide Web)' 혹은 '웹'이라는 인터넷 서비스이다.

| **HTML로 작성된 웹 문서** 하이퍼텍스트로 구성된 항목이나 단어, 문장을 마우스로 클릭하면 또 다른 관련 웹 문서를 볼 수 있다.

WWW(웹)는 다양한 멀티미디어 정보를 거미줄과 같은 통신망을 통해 세계 각지에 있는 컴퓨터와 연결시켜 필요한 정보를 검색하고 정보 공유 등을 통한 새로운 인맥을 형성하는 등 다양한 서비스를 제공하고 있다.

WWW는 1991년 8월 6일에 처음 서비스를 시작했으며, 세계 최초의 홈페이지도 이날 처음 공개되었다. 팀 버너스 리는 그 외에도 인터넷 정보가 있는 위치를 표시하는 인터넷 주소인 URL, 웹상에서 하이퍼텍스트를 교환할 수 있게 하는 프로토콜인 HTTP, 그리고 세계 최초의 웹 브라우저(web browser) 등의 설계와 규격 제정에 참여하기도 했다.
인터넷에서 다양한 정보를 찾아 볼 수 있도록 하는 응용 프로그램이다. 대표적인 웹 브라우저로는 인터넷 익스플로러가 있다.

초기의 인터넷 서비스는 교육이나 공공의 목적이 주를 이루었으나, 인터넷이 발전하면서 상업적 목적의 온라인 서비스가 추가되었고 사용자 층도 사회 각 분야의 다양한 계층으로 확대되면서 발전 속도도 빨라졌다.

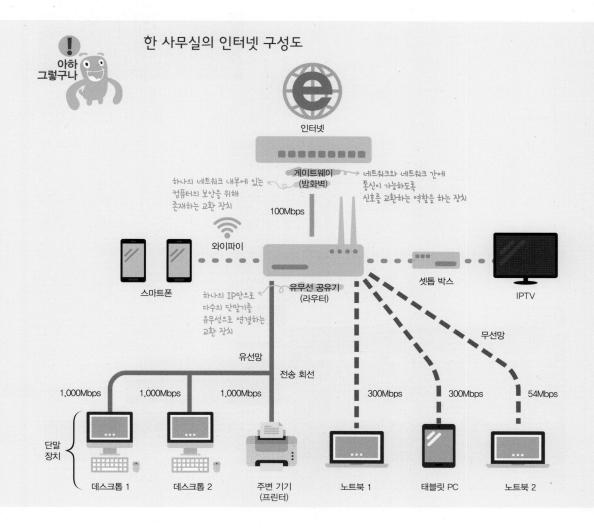

한 사무실의 인터넷 구성도

인터넷 서비스의 확대는 결코 긍정적인 측면만 있는 것은 아니다. 무분별한 개인 정보의 유출로 인한 심각한 사생활 침해 문제, 해킹이나 바이러스 유포로 인한 사이버 범죄 행위 증가, 인터넷 중독 등의 부작용도 날로 늘어나고 있다. 특히 인터넷의 과도한 사용은 수면 부족과 집중력 저하로 이어져 학생들의 학업 부진과 학업 의욕 상실감 등을 유발하고, 직장에서는 업무 도중 자신의 직무와는 관계없는 인터넷 사용으로 인해 회사에 많은 손실을 안겨 주기도 한다.

우리나라의 인터넷 역사

1982년 서울대학교와 한국전자통신연구원 사이에 네트워크를 구축한 것이 우리나라 인터넷의 시작이다. 1986년 7월에는 IP 주소를 처음으로 할당받았고, 같은 해 9월 한국데이터통신에서 PC 통신 서비스인 '천리안'을 시작한 것이 우리나라 인터넷 서비스의 출발이었다. 1994년 한국통신에서 한국인

| 우리나라 최초의 PC 통신 서비스 천리안

터넷(코네트)이라는 인터넷 서비스 상품을 출시하였는데, 이는 일반인들을 대상으로 WWW 기반의 인터넷 접속 및 계정 서비스를 본격적으로 시작한 것으로, 이때부터 인터넷의 대중화가 시작되었다.

1990년대까지는 속도가 느린 전화 회선을 통해 인터넷에 접속했으나, 1998년 우리나라 최초로 두루넷이 초고속 인터넷 서비스를 시작하면서 인터넷 속도가 이전보다 훨씬 빨라졌다. 2000년대에 이르러서는 PC 보급이 폭발적으로 증가하여 국민 대다수가 초고속 통신망을 이용하여 인터넷을 이용하는 시대가 열렸다.

| 텍스트 위주의 정보 서비스

| 글자, 그림, 동영상, 소리 등이 혼합된 멀티미디어 정보 서비스

e메일 주소에서 @는 언제부터 사용했을까?

디지털 시대의 상징처럼 여겨지는 @ 기호의 흥미로운 점은 나라마다 부르는 이름이 다르다는 것이다. 남아프리카에서는 원숭이 꼬리, 이탈리아에서는 달팽이, 중국에서는 생쥐, 그리고 우리나라에서는 골뱅이라고 불린다.

그렇다면 @의 역사는 어떻게 시작된 것일까? 아시안 월스트리트 저널에 실린 기사에 의하면 @는 미국의 컴퓨터 프로그래머 레이 톰린슨(Ray Tomlinson)이 1971년 e메일(전자우편)을 개발하면서 처음 사용했다고 한다. 이 기호는 e메일(전자우편)에서 발신자의 이름과 위치를 구분하기 위해서 사용했다.

하지만 @라는 기호 자체의 역사는 이보다 훨씬 더 거슬러 8세기 무렵까지 올라간다. 당시에는 양피지가 워낙 귀해 한 글자라도 생략해 보려고 ad(영어로 치면 'to', 'at'에 해당되는 라틴어 전치사)를 표기할 때 a를 먼저 쓰고 d를 겹쳐 써서 지금의 모양을 고안했다는 설이 유력하다. 역사로 따지자면 영국의 파운드화 표시보다 훨씬 오래되었다는 의미이다.

또 미국의 초대 대통령인 조지 워싱턴의 편지에도 @가 자주 등장하는데, 잉크와 종이 등을 보급해 달라는 송장에 '단위당 가격'이라는 의미로 빈번히 사용되기도 했다고 한다.

양, 염소, 송아지 등 동물의 가죽을 표백하고 얇게 만들어 그곳에 글씨나 그림을 그릴 수 있게 만든 가죽 천

| e메일(전자우편)을 발명한 레이 톰린슨

토론 소셜 네트워크 서비스(SNS)의 양면성

현대인들은 온라인에서 인맥 형성을 목적으로 개설된 SNS를 통해 개인 간, 집단 간 정보 공유와 소통을 활발하게 하고 있다. 얼마 전에는 한 우유 제품 생산 회사와 대리점 간에 발생한 불공정한 관계가 SNS을 통해 세상에 알려져 그동안 관행처럼 여겨졌던 불공정한 관계가 바뀌게 된 계기를 만들기도 했다.

인터넷과 모바일상에서 사용하는 SNS를 통하여 우리는 지구 반대편에 있는 사람들과도 자연스럽게 소통할 수 있다. 그래서 SNS는 총과 칼보다 더 무섭다는 말까지 나오고 있다. 기업 입장에서는 비싼 비용을 들여 광고하는 것보다 훨씬 적은 돈을 들여서 대중과 소통하여 큰 홍보 효과를 얻을 수 있는 것도 SNS이다.

표현의 자유는 매우 중요하다. 하지만 SNS가 널리 사용되면서 악성 루머나 '믿거나 말거나' 식 괴담으로 인해 사실처럼 굳어져 버린 거짓이 급속도로 전파되어 국민에게 불안과 공포심을 유발시켜 사회적 · 국가적 혼란을 일으키는 일들이 종종 일어나곤 한다. 자신의 흥미와 재미를 위해 다른 사람에게 피해를 주는 무분별한 SNS 활동을 자제하는 것은 우리 사회 전체 구성원들을 위한 기본적인 윤리이다.

앨빈 토플러는 세상은 정보 중심 사회로 변화해 가고 있다고 했다. 정보 중심 사회로 변화하는 만큼 우리들의 생각도 성숙한 방향으로 변해야 한다. 사회 구성원 모두에게 인터넷이나 모바일 사용에 따른 성숙한 시민 의식이 절실하다. SNS를 이용하는 사람들의 직업이나 연령이 다양한 점을 고려할 때 전 국민을 대상으로 SNS 윤리 규범 교육을 실시하고 SNS 활용 전문가를 체계적으로 양성할 필요성도 있다.

1단계 현재 많은 사람이 사용하는 SNS에 대한 것을 마인드맵으로 그려 보자.

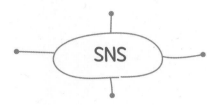

 2단계 내가 생각하는 SNS의 장점과 단점을 간단히 써 보자.

지금은 우리에게 생활필수품이나 다름없는 휴대전화. 특히 손안의 작은 PC인 스마트폰은 우리의 일상생활을 완전히 다른 모습으로 바꾸고 있습니다.

제2부에서는 휴대전화와 스마트폰의 변천 과정을 살펴보고, 스마트폰을 통해 구현할 수 있는 기술뿐만 아니라 미래 우리 생활에 많은 영향을 줄 신기술을 중심으로 살펴보겠습니다.

내 손안의
스마트폰

01 휴대전화

휴대전화가 처음 등장했던 무렵에는 통화 기능이 중심이었다. 그러나 이후 휴대전화는 점점 다양한 멀티 기능을 제공하는 기기로 발전하였고, 이에 따라 우리의 일상생활 모습도 이전과는 크게 달라졌다. 휴대전화는 과연 어떻게 등장하였으며, 특히 우리나라에서는 어떻게 발전했을까?

1973년 4월 3일, 미국 뉴욕 맨해튼의 모토로라에서 근무하는 마틴 쿠퍼 박사(우크라이나 이민자 출신의 발명가)는 그가 개발한 900g의 묵직한 플라스틱 덩어리인 '다이나택(DynaTac8000)'을 얼굴에 대고 통화를 하고 있었는데, 이것이 휴대전화를 이용한 세계 최초의 통화였다. 이후 모토로라는 1983년 최초의 상용 휴대전화 다이나택8000X를 개발하여 판매하기 시작하였다.

우리나라의 휴대전화 역사는 1984년 설립된 한국이동통신주식회사가 카폰을 이용한 차량 전화를 서비스할 때부터 시작되었다. 그 당시 카폰은 가입비를 포함해서 무려 400만 원이 넘었는데, 이는 그 당시의 승용차 값보다도 더 비싼 가격이었다. 이렇게 높은 가격에도 불구하고 카폰 서비스가 시작되자마자 많은 사람이 가입을 하였다.

차 안에서 사용하는 이동 통신 서비스는 서울 올림픽이 열렸던 1988년부터 시작했다. 당시 서울 올림픽 개막식에 참석했던 각국의 손님들을 상대로 국내 최초의 휴대전화 'SH-100'(삼성전자)이 첫선을 보였다.

| 세계 최초의 휴대전화로 통화하는 마틴 쿠퍼

| 1980년대 우리나라 카폰 광고

이어서 1996년 세계 최초로 디지털 방식의 이동 통신 중 하나인 *CDMA 방식의 이동 전화를 상용화하는 등 우리나라의 이동 전화 기술은 세계를 놀라게 할 정도로 빠르게 발전하였다. CDMA 방식은 1993년까지만 해도 이론으로만 존재했었는데, 우리나라의 서정욱 박사가 CDMA 기술을 이용한 교환기와 단말기를 개발하였고, 이는 우리나라가 세계적인 휴대전화 생산 국가로 발전하는 밑바탕이 되었다.

이후 2002년 세계 최초 3G 서비스 상용화, 2004년 세계 최초 위성 DMB 서비스와 세계 최초 다른 이동 통신망 간 영상 통화, 2006년 세계 최초 3.5G 상용 서비스, 4G 서비스 개통, 2018년부터는 5G 상용화를 세계 최초로 진행하는 등 우리나라는 세계 이동 통신 역사에서 중요한 역할을 하게 되었다.

↳ 디지털 멀티미디어 방송

아울러 우리나라의 휴대전화 서비스는 다른 나라에 비해 상대적으로 늦게 시작되었지만 뛰어난 반도체 기술과 함께 통신 기술의 발전, 휴대전화 단말기 제조 기술의 우수성을 바탕으로 전 세계 휴대전화 시장을 이끌고 있다.

ThinkGen
우리나라가 세계적인 휴대전화 제조 기술 강국으로 떠오르게 된 계기는 무엇일까?

아하 그렇구나

휴대용 모바일 통신 시스템을 개발한 아모스 조엘

휴대전화의 역사는 1970년대 아모스 조엘로부터 시작되었는데, 그는 미국 뉴저지 주 머레이 힐에 위치한 벨 연구소의 전기 기사였다. 당시 사용하던 모바일 통신은 동시 호출이 가능한 숫자가 한정되어 있었고, 휴대전화 사용자가 통신 관할 지역을 벗어나게 되면 통신이 끊기는 현상이 있었다. 이를 답답하게 여긴 아모스 조엘은 새로운 휴대용 모바일 통신 시스템을 개발하게 되었고, 그 결과 끊김 없는 통화를 할 수 있게 되었다.

그가 개발한 모바일 통신 시스템에서 마이크로프로세서는 전화를 확인하고 셀룰러 방식 기지국을 검색하며, 사용자가 네트워크를 통해 이동하는 동안 연결을 제어하는 핵심적인 역할을 담당한다. 오늘날의 휴대전화는 이 시스템을 기반으로 텍스트 메시지, 인터넷 접속, 카메라 기능 등 다양한 기능을 추가 지원하면서 발전하고 있다.

| **마이크로프로세서** 컴퓨터나 휴대전화 등과 같은 가전 기기에서 핵심 역할을 하는 중앙 처리 장치의 기능을 한 개 또는 여러 개의 반도체 칩에 집적시킨 것으로, 이 전기 소자는 연산 및 제어 기능을 한다.

---

*
CDMA(Code Division Multiple Access, 코드 분할 다중 접속 방식) 코드를 이용한 다중 접속 기술 중 하나. 즉 하나의 셀(cell)에 여러 명의 사용자가 접속할 수 있게 하는 기술이다.

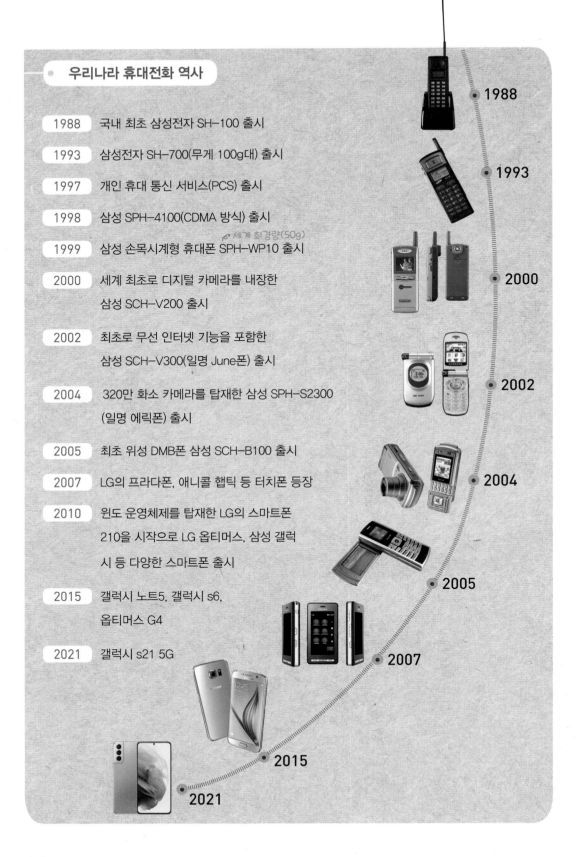

우리나라 휴대전화 역사

1988	국내 최초 삼성전자 SH-100 출시
1993	삼성전자 SH-700(무게 100g대) 출시
1997	개인 휴대 통신 서비스(PCS) 출시
1998	삼성 SPH-4100(CDMA 방식) 출시
1999	삼성 손목시계형 휴대폰 SPH-WP10 출시
2000	세계 최초로 디지털 카메라를 내장한 삼성 SCH-V200 출시
2002	최초로 무선 인터넷 기능을 포함한 삼성 SCH-V300(일명 June폰) 출시
2004	320만 화소 카메라를 탑재한 삼성 SPH-S2300 (일명 에릭폰) 출시
2005	최초 위성 DMB폰 삼성 SCH-B100 출시
2007	LG의 프라다폰, 애니콜 햅틱 등 터치폰 등장
2010	윈도 운영체제를 탑재한 LG의 스마트폰 210을 시작으로 LG 옵티머스, 삼성 갤럭시 등 다양한 스마트폰 출시
2015	갤럭시 노트5, 갤럭시 s6, 옵티머스 G4
2021	갤럭시 s21 5G

↙세계 최경량(50g)

1988

1993

2000

2002

2004

2005

2007

2015

2021

02 스마트폰

우리는 아침에 스마트폰의 알람 소리를 들으며 기상하고, 친구들과는 각종 메신저나 SNS 등을 통해 소통하고, 궁금한 뉴스나 놓친 TV 방송도 스마트폰을 통해 확인할 수 있다. 이렇듯 우리의 일과와 함께 하는 스마트폰은 어떤 과정을 거쳐 발전했고 장단점은 무엇일까?

스마트폰은 기본적으로 전화기이면서 PC의 기능을 제공하는 소형 컴퓨터라고 할 수 있다. 이를테면 무선 인터넷을 이용하여 인터넷에 접속하고, 자신이 원하는 애플리케이션을 설치하여 활용하며, 운영체제가 같은 스마트폰끼리는 애플리케이션과 데이터들을 공유하는 등 기존 휴대전화에서 보지 못한 뛰어난 기능들을 가지고 있다.

세계 최초의 스마트폰은 미국의 IBM 사가 1993년에 발표한 '사이먼(Simon)'이다. 이후 1996년 핀란드 노키아 사가 '노키아9000'이라는 스마트폰을 개발·출시했지만 사람들로부터 큰 관심을 끌지 못했다. 그러나 애플 사가 2008년 아이폰 3G라는 혁신적인 스마트폰을 선보이면서 전 세계적으로 스마트폰 열풍이 불었다.

아이폰 3G는 3G로 대표되는 무선 네트워크를 탑재하고 *와이파이 기술을 적용했다. 또한 새로운 모바일 환경 생태계를 만들어 앱 관련 개발자, 디자이너, 앱 전문가 수십만 명을 탄생시켰다.

아이폰이 등장하기 전까지 세계 휴대전화 시장을 이끌던 업체는 노키아와 모토로라였다. 그러나 당시 세계 최대 휴대전화 업체였던 노키아는 휴대전화 시장의 환경 변화에 제대로 대응하지 못했고, 그 결과 현재는 마이크로소프트 사에 인수되는 상황에까지 이르렀다.

다양한 애플리케이션 또는 앱

세계 최초의 스마트폰 'IBM 사이먼' 달력·주소록·계산기·메모장·이메일·팩스 기능을 가지고 있었으며, 전화를 걸기 위해 버튼을 누르는 대신 텍스트를 입력할 수 있는 온스크린 키보드와 검색을 위한 터치스크린을 탑재하였다.

스마트폰의 혁신 '애플 아이폰 3G' 이전에 나왔던 스마트폰들과는 다른 혁신적인 사용자 환경과 경험을 제공하였고, 사용자 편리성 등에서 매우 뛰어나다.

---
*

와이파이(Wi-Fi; Wireless Fidelity) 무선 접속 장치(AP)가 설치된 곳에서 전파나 적외선 전송 방식을 이용하여 일정한 거리 안에서 무선 인터넷을 할 수 있는 근거리 통신망을 이르는 기술이다.

애플의 아이폰으로부터 시작된 스마트폰 시장은 한국의 삼성전자와 LG, HTC, 모토로라 등 여러 스마트폰 제조업체들이 다양한 제품을 잇달아 출시하면서 전성기를 누리고 있다.

스마트폰은 매우 편리하고 유용한 기기이지만, 잘못 사용하면 심각한 피해를 볼 수도 있다. 이를테면 부모님이나 친구들과의 대화 도중에 또는 책이나 TV를 보다가도 자꾸 스마트폰을 들여다보는 중독 현상이 발생할 수 있으며, 스마트폰을 통해서 아무런 여과 장치 없이 전달되는 각종 불법 유해 정보들에 노출될 수도 있다.

또한 스마트폰은 위치 기반 서비스(LBS)를 제공하기 때문에 이동 경로와 같은 사적 생활 환경 등의 개인 정보가 쉽게 노출될 수 있다. 그리고 스마트폰에는 통화 기록, 이메일, 사진이나 동영상 등 수많은 각종 개인 정보가 담겨 있는데, 만약 기기를 분실하면 개인 정보 노출 및 사생활 침해가 일어날 수 있다. 최근에는 악성 코드 및 바이러스, 해킹 문제도 스마트폰 사용자들을 심각하게 위협하고 있다. 또 다른 문제는 스마트폰 사용에 따른 비용 증가이다. 무선 데이터 이용이 증가하면서 데이터 사용료 및 각종 부가 정보 이용료의 부담도 커지고 있어서 스마트폰 사용자들의 지출이 늘어나고 있다.

하지만 대체로 스마트폰은 역기능보다 순기능이 더 많으므로 스마트폰의 부작용을 최소화할 수 있는 효과적이고 올바른 활용법을 익히고 실천하는 자세가 필요하다.

위치 기반 서비스(LBS)란?

위치 기반 서비스(Location-Based Services)는 이동 통신망이나 위성 항법 장치(GPS) 등을 통해 얻은 정보를 활용하여 스마트폰이나 PDA(개인 정보 단말기)와 같은 정보 기기 이용자에게 다양한 서비스를 제공하는 시스템 혹은 서비스를 뜻한다. 위치 기반 서비스를 통해 사람이나 차량 등의 위치를 파악하고 추적할 수 있음은 물론, 휴대전화 사용자가 있는 특정 장소의 날씨 서비스, 일정한 지역에 분포한 서비스 가입자에 대한 일괄 경보 통지 서비스, 지름길을 찾을 수 있는 교통 정보 서비스, 주변의 백화점·의료 기관·극장·음식점 등을 안내하는 생활 정보 서비스, 이동 중에 정보가 제공되는 텔레매틱스 (telematics) 서비스 등이 가능하다.

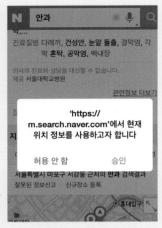

↳ 자동차와 무선 | 스마트폰의 위치 기반 서비스
통신을 결합한 차량 무선 인터넷 서비스

그러나 위치 기반 서비스는 개인의 사생활을 침해할 우려도 있기 때문에, 각 나라에서는 위치 기반 서비스의 활성화와 위치 정보의 오·남용을 막기 위한 법을 만들어 시행하고 있다.

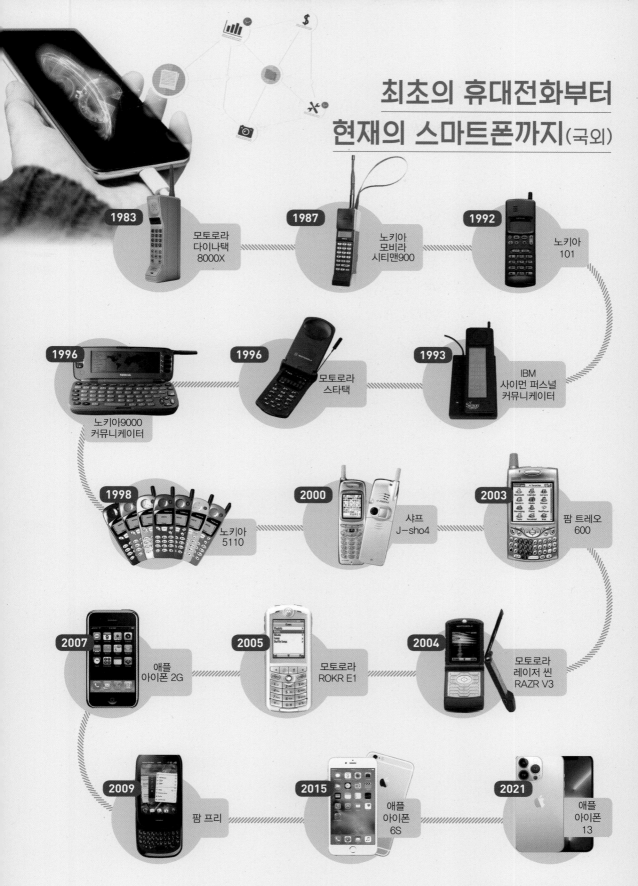

최초의 휴대전화부터
현재의 스마트폰까지(국외)

1983 모토로라 다이나택 8000X

1987 노키아 모비라 시티맨900

1992 노키아 101

1996 노키아9000 커뮤니케이터

1996 모토로라 스타택

1993 IBM 사이먼 퍼스널 커뮤니케이터

1998 노키아 5110

2000 샤프 J-sho4

2003 팜 트레오 600

2007 애플 아이폰 2G

2005 모토로라 ROKR E1

2004 모토로라 레이저 씬 RAZR V3

2009 팜 프리

2015 애플 아이폰 6S

2021 애플 아이폰 13

스마트폰 OS(운영체제)

스마트폰으로 다양한 기능을 사용할 수 있고, 수많은 응용 프로그램을 활용할 수 있는 것은 모두 *OS(운영체제) 덕분이다. OS가 설치되어 있어야 컴퓨터가 제대로 작동하듯이, 아무리 좋은 스마트폰이라도 OS 프로그램이 없다면 쓸모없는 기기에 불과하다.

현재 세계 스마트폰 OS 시장은 개방형으로 오픈 소스를 지향하는 구글 안드로이드와 폐쇄형을 지향하는 애플 iOS가 이끌고 있다. 그 외에 노키아의 심비안과 리서치 인 모션(RIM)의 블랙베리 OS, 마이크로소프트의 윈도 OS, 삼성전자의 바다 등이 있지만 대중화되지는 못했다.

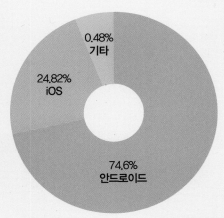

| 2020년 7월 기준 전세계 모바일 운영체제 점유율 (출처: statcounter)

OS	안드로이드	iOS(아이폰)	윈도 모바일	블랙베리	심비안
장점	뛰어난 개방성	사용자 친화적	PC 윈도와 완벽 호환	뛰어난 메시징 속도	업계 1위의 마켓 파워 윈도와의 연동
애플리케이션 스토어	안드로이드 마켓	앱 스토어 (업계 최대 보유)	윈도 마켓 플레이스	블랙베리 애플리케이션 센터	오비 스토어
*개방성	○	×	○	×	○
*멀티태스킹	○	×	○	○	○

| 각 스마트폰 운영체제의 특징

---
*
OS(Operating System, 운영체제) 컴퓨터나 휴대전화와 같은 정보 기기를 쉽고 효율적으로 운영할 수 있도록 도와주는 소프트웨어로 사용자들이 편리하게 기기를 이용할 수 있는 환경을 제공한다.
개방성 누구나 사용 가능하도록 모든 정보를 공개하는 특성을 말한다.
멀티태스킹 한 사람의 사용자가 한 대의 컴퓨터 혹은 스마트폰으로 두 가지 이상의 작업을 동시에 처리하거나, 두 가지 이상의 프로그램을 동시에 실행할 수 있는 방식을 뜻한다.

O3 태블릿 PC

우리의 일상을 완전히 바꾼 스마트폰에도 아쉬움이 남는 부분이 있는데, 그것은 바로 화면 크기가 작다는 것이다. 이러한 단점을 보완하고자 개발된 것이 태블릿 PC이다. 그렇다면 태블릿 PC는 어떻게 개발되었고 발전하였을까?

스마트폰보다는 화면이 크면서 PC의 기능을 수행하고, 납작하고 평평한 판(tablet)의 모양을 가졌다고 하여 태블릿 PC라고 불리는 이 장치는 PDA처럼 휴대하기 편하고, 노트북의 기능을 갖춘 모바일 기기로 터치스크린 방식이다.

태블릿 PC는 손가락이나 전자펜을 이용하여 프로그램을 실행할 수 있고, 무선 랜을 통해 어느 곳에서나 인터넷에 접속할 수 있다. 아울러 사용자가 쓴 글자를 그대로 인식하여 데이터로 저장하기도 하고, 키보드나 마우스를 연결하여 사용할 수도 있다. 또한 일반 컴퓨터에서 사용하는 각종 응용 프로그램도 실행할 수 있으므로 초보자도 쉽게 적응할 수 있다.

| 2002년 빌 게이츠가 선보인 MS 사의 태블릿 PC

태블릿 PC의 화면 크기는 노트북보다는 작고 스마트폰보다는 큰 7~11인치 정도가 주를 이루는데, 이는 휴대하기 좋고 멀티미디어 콘텐츠를 재생하는 데 적합한 크기이다. 특히 책 크기와 비슷해 PDF 파일 형식의 자료나 e-북과 같은 전자 출판물을 읽기에 적합하여 디지털 학습용으로도 많이 쓰이고 있다.

태블릿은 1992년 MS(마이크로소프트) 사가 '윈도 포 펜(Windows for Pen)'이라는 필기체 인식 운영체제를 발표함으로써 개념을 잡기 시작하였으나, 이때에는 시장에서 반응을 얻지 못하고 사라졌다. 이후 2002년에 MS 사에서 '윈도XP 태블릿 PC 에디션'을 탑재한 제품을 출시하였으나, 이 역시 비싼 가격과 어려운 사용법, 느린 인식 속도 등으로 인해 인기를 끌지 못했다.

그러다가 무선 네트워크 기술이 발전하면서 태블릿 PC 시장이 형성되기 시작하였고, 2010년 4월 애플 사의 아이패드가 출시되면서 태블릿 PC는 새로운 시대를 맞았다. 아이패드가 출시되기 이전의 태블릿은 터치스크린 기능만 빼면 PC에 가까운 형태에 지나지 않았으나, 아이패드 이후에 등장한 태블릿 PC 제품들은 하드웨어 구성이나 운영체제 등이 스마트폰에 가까운 형태로 발전하게 되었다. 아이패드 이후 비슷한 형태의 태블릿 PC를 '스마트패드'라고도 한다.

현재는 다수의 업체에서 다양한 태블릿 PC를 생산하고 있지만 애플 사에서 만든 아이패드 시리즈, 삼성전자에서 만든 갤럭시탭 시리즈, HP 사에서 만든 HP 슬레이트 시리즈 등이 시장의 대부분을 차지하고 있다.

| 스티브 잡스가 아이패드를 소개하는 모습

태블릿 PC 구매의 걸림돌이 되었던 가격 면에서도 최근에는 매우 저렴한 제품들이 생산·판매되면서 소비자들의 부담이 크게 줄었다. 특히 우리나라를 비롯한 많은 국가들이 교육 현장에서 웹 기반의 e-러닝(e-Learning) 시스템을 도입하고 있고, 특히 코로나 발생 이후 온라인 수업이 활발히 진행되면서 태블릿 PC의 전망은 밝다고 할 수 있다. 교육 분야 외에도 은행, 병원, 매장 등의 공공 기관과 서비스 사업장에서의 업무 보고, 마케팅, 정보 전달 등의 용도로 활용도가 높아 앞으로 태블릿 PC 시장은 더욱 확대될 전망이다.

질문이요 태블릿 PC의 인기가 높아지면 데스크톱은 점점 사라지지 않을까?

애플의 아이패드가 많은 사람으로부터 인기를 끌게 되자 일부 IT 전문가들은 머지않아 태블릿 PC에 의해 데스크톱이 사라질 것이라는 전망을 내놓았지만, 당분간 일반 PC와 태블릿 PC는 서로 경쟁적으로 발전할 것으로 예측된다. 태블릿 PC와 데스크톱의 기능이 많은 부분에서 겹치기는 하지만, 아직까지 태블릿 PC로 문서, 그래픽, 개발 등 전문적인 작업을 하기에는 불편하다. 데스크톱은 콘텐츠 생산과 소프트웨어 개발에 적합하지만, 태블릿 PC는 데스크톱이 생산해 낸 콘텐츠와 소프트웨어를 활용하는 소비 부분에 맞춰져 있기 때문이다.

아하 그렇구나

e-러닝이란?

e-러닝(e-Learning, 전자 교육)은 기술 기반(technology-based) 교육을 의미하는데, 교육용 CD-ROM이나 교육용 소프트웨어를 이용하는 교육으로서 컴퓨터 기반 교육, 웹 기반 교육, 가상 학습을 포함하는 개념이다. 유사 개념으로 쓰이는 원격 교육(distance learning)은 온라인 교육과 함께 e-러닝까지 포함하는 가장 광범위한 개념이다.

특히 우리나라는 높은 교육 열기와 함께 최고 수준의 IT 인프라를 갖추고 있는데, 이것이 e-러닝 산업 성장의 최적 요건 중 하나이다.

| 시간과 장소에 구애받지 않고 다양한 정보 통신 기기에서 교육이 이루어질 수 있는 것이 e-러닝의 장점이다.

04 모바일 애플리케이션

아무리 좋은 성능의 스마트폰을 가지고 있더라도 제대로 이용하지 못한다면 평범한 전화기에 불과하다. 스마트폰을 구매한 후 자신이 원하는 용도로 활용하기 위해서는 응용 프로그램인 애플리케이션을 설치해야 한다. 애플리케이션이란 무엇이며 어떤 기능을 할까?

스마트폰이 일반 휴대전화와 다른 부분이 바로 다양한 애플리케이션을 설치하여 활용할 수 있다는 점이다. 애플리케이션(application)은 애플리케이션 소프트웨어(application software) 혹은 애플리케이션 프로그램(application program)의 준말로 응용 소프트웨어(프로그램)를 의미한다. 애플리케이션은 스마트폰이 널리 보급되면서부터는 iOS나 안드로이드 등의 스마트폰 운영체제상에서 구동되는 프로그램을 의미하며, 줄여서 '앱(app)' 또는 '어플'이라고도 한다.

스마트폰 운영체제에 따라 애플리케이션의 종류와 개수, 이용 방법 등이 다르므로 똑같은 기능을 가진 애플리케이션이라 하더라도 서로 다른 운영체제를 가진 스마트폰에서는 사용할 수 없다.

| **다양한 애플리케이션** 모바일 기기의 운영체제에서 실행되는 애플리케이션은 일반 컴퓨터에서 사용하는 각종 프로그램과 같은 역할을 한다.

다양한 앱 중에서 게임 관련 앱이 가장 인기 많은 분야이고 엔터테인먼트 관련 앱과 내비게이션 앱, 소셜 네트워크 앱 등이 그 뒤를 따르고 있다. 이와 같은 다양한 애플리케이션을 스마트폰으로 직접 다운로드하여 설치할 수 있는 서비스를 제공하는 곳이 앱 마켓(app market) 또는 앱 스토어(app store)이다.

| 애플의 '앱 스토어'

| 구글의 '구글 플레이'

개발자들이 만들어 낸 다양한 애플리케이션들이 배포되는 앱 장터는 애플 사에서 처음 활용하였고(앱 스토어), 결과적으로 아이폰 성공에 크게 기여하였다. 이후 안드로이드 마켓 등에서도 많은 애플리케이션이 개발되어 스마트폰 사용자들에게 제공되었다. 스마트폰 애플리케이션은 운영체제에 따라 수만에서 수십만 개가 제공되고 있으며, 하루에도 수많은 애플리케이션이 개발되고 있다.

ThinkGen
모바일 애플리케이션의 등장은 모바일 업계에 어떤 변화를 가져왔을까?

특히 에버노트, 앵그리버드, 애니팡, 카카오톡과 같이 큰 수익을 내는 애플리케이션이 등장한 이후로 애플리케이션 개발 분야는 지속적으로 활성화되고 있는 추세이다.

스마트폰 보급 초기에는 뉴스, 날씨 등의 정보를 전달하는 정보성 앱이 대부분이었지만, 스마트폰의 보급률이 갈수록 높아지면서 커뮤니케이션 앱, 엔터테인먼트 앱 등이 다양하게 발전하고 있다. 아울러 초기의 정보성 앱도 위치 기반 기술과 같은 여러 가지 기술이 적용되면서 보다 다양화·고급화되고 있다. 현재까지는 이용자 대부분이 무료로 제공되는 앱을 이용하고 있지만, 향후에는 더 유용한 정보를 얻고 활용할 수 있는 유료 앱의 사용이 증가할 것으로 예측된다. 또한 앞으로 스마트폰의 보급률이 더욱 높아지면서 애플리케이션의 종류도 더욱 다양해질 것으로 전망된다.

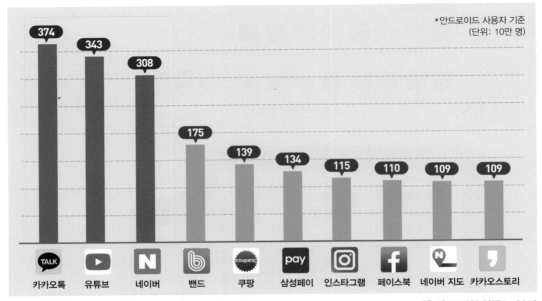

| 우리나라의 모바일 앱 사용자 현황(2019년 기준)　　　　　　　　　　　　　　　〈출처〉 모바일 인덱스, 2019

질문이요 사용자에게 인기 있는 앱이 되려면 어떤 조건을 갖추어야 할까?

첫째, 위치 기반 기술을 적용해야 한다. 특히 자동차 관련 앱이나 증강현실 앱은 위치 기반 기술이 없으면 활용하기 어렵다. 위치 기반 기술은 다양한 영역에서 활용되므로 앞으로 수요가 급증할 것이다.

둘째, 커뮤니케이션 수단이 되어야 한다. 스마트폰은 기본적으로 커뮤니케이션을 하기 위한 도구인 휴대전화라는 것을 잊지 말아야 한다. 스마트폰 사용자는 다른 사람들과 다양한 방식의 소통을 원한다. 따라서 많은 이용자를 확보하려면 커뮤니케이션 기능을 강화해야 한다.

셋째, 오락적 수단이 되어야 한다. 앱은 음악을 듣고, 책을 읽고, 영화를 보고, 게임을 하는 등의 오락적 수단을 담고 있는 것이 중요하다. 왜냐하면 스마트폰을 이용하여 남는 시간의 무료함을 달래거나 재미를 추구하는 사용자가 많기 때문이다.

05 클라우드 컴퓨팅

클라우드 서비스를 이용하면 밤새 만든 수행 평가 과제물, 현장 체험 학습을 다녀온 사진들, 가족들과의 추억이 담긴 동영상 등 소중한 데이터를 자칫 실수로 잃어버릴 걱정 없이 안전하게 보관할 수 있다. 클라우드 컴퓨팅이란 무엇이며, 이로 인해 앞으로 정보 통신 환경은 어떻게 변할까?

최근 들어 사진이나 문서, 동영상 등의 자료들을 인터넷 서버, 즉 컴퓨터 네트워크상의 중앙 데이터 서버에 저장한 후 필요할 때마다 개인의 정보 기기로 내려받아 활용하거나 반대로 올림으로써 정보를 보관할 수 있게 되었는데, 이는 클라우드 컴퓨팅(cloud computing, 구름 컴퓨팅) 덕분이다.

클라우드 컴퓨팅은 정보 저장뿐만 아니라 다수의 정보 통신 기기 간에 데이터를 손쉽게 공유할 수 있기 때문에 붙여진 이름이다. 사용자는 중앙 데이터 서버의 저장 공간을 필요한 만큼 빌려 쓸 수 있는데, 이때 무료로 제공되는 용량을 초과하여 사용하려면 그에 따른 일정 요금을 지급하고 사용하면 된다.

ThinkGen
클라우드 컴퓨팅 환경이 가져올 문제점으로는 어떤 것이 있을까?

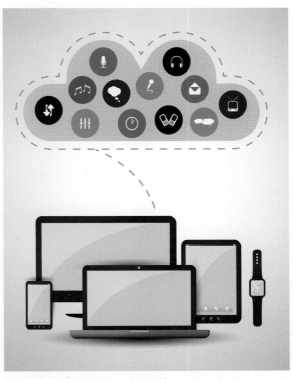

| **클라우드 컴퓨팅** 인터넷상의 서버를 통하여 데이터 저장, 네트워크, 콘텐츠 사용 등 정보 통신 기술 관련 서비스를 한꺼번에 사용할 수 있다.

클라우드 컴퓨팅의 개념은 1960년대 미국의 컴퓨터 학자인 존 맥카시(John Mccarthy)가 "컴퓨팅 환경은 공공시설을 쓰는 것과도 같을 것"이라는 개념을 제시한 데에서 유래하였다.

한편 클라우드 컴퓨팅의 발전에 중요한 역할을 한 것은 세계적인 전자 상거래 업체인 아마존이다. 아마존은 2005년에 *유틸리티 컴퓨팅을 기반으로 하는 클라우드 컴퓨팅 서비스를 시작했고, 이후 구글이나 IBM, 애플과 같은 대형 IT 업체에서도 연구 및 서비스를 시작했다.

클라우드 컴퓨팅은 이미 우리 일상생활에 깊숙이 파고들었다. 각종 웹하드 서비스가 대표적인 예로, 동영상이나 사진 등의 대용량 파일을 웹하드에 저장하고 언제 어디서나 인터넷에 접속하여 파일을 이용하는 것은 이미 우리에게 일상적인 일이 되고 있다.

최근에는 다수의 업체에서 클라우드 컴퓨팅 서비스를 무료 또는 유료로 운영하고 있다. 구글 드라이브, 네이버 클라우드, 애플의 iCloud, Dropbox, 마이크로소프트의 OneDrive 등이 대표적이다.

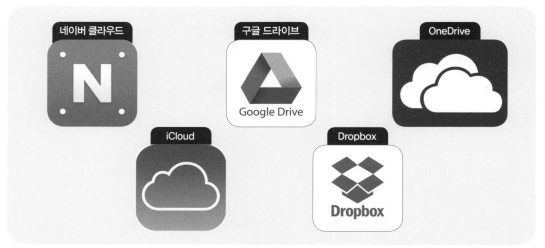

| **다양한 종류의 클라우드 컴퓨팅 서비스** 클라우드 컴퓨팅의 작동 원리는 모두 같기 때문에 각자 사용하기에 편리한 드라이브를 선택하여 사용하면 된다. 다만 서비스 업체마다 사용자가 원하는 애플리케이션을 설치하는 데 제약이 있거나 새로운 애플리케이션을 지원하지 않는 경우도 있다.

그렇다면 클라우드 컴퓨팅으로 인해 앞으로 정보 통신 환경은 어떻게 변화될까?

첫째, 인터넷이 컴퓨터 처리 기능이나 저장 기능을 대신하게 되면 자신의 컴퓨터를 가지고 다닐 필요 없이, 언제 어디서나 인터넷에 접속하여 일 처리를 할 수 있다.

둘째, PC에서 소프트웨어를 사용할 때 꼭 해야만 하는 소프트웨어 업데이트 또는 새로운 소프트웨어 버전 구매와 같은 일들이 필요 없게 된다. 클라우드 컴퓨팅 환경에서는 항상 최신의 소프트웨어가 설치되어 있기 때문이다.

*
유틸리티 컴퓨팅 서비스 제공자가 고객(사용자)에게 인터넷 서비스, 파일 공유, 백업 및 기타 여러 가지 응용 프로그램들을 제공해 주는 것을 말한다. 대체적으로 고객이 사용하는 용량에 따라 요금을 부과하는 종량제로 운영되며, 컴퓨터 자원의 사용 효율을 극대화하고 관련 비용을 최소화하는 것을 목적으로 한다.

셋째, 이동식 디스크나 외장 하드를 별도로 구매하지 않아도 되므로 하드웨어 구매 비용을 줄일 수 있고, 많은 양의 정보를 클라우드 서버에 안전하게 보관할 수 있다.

이러한 클라우드 컴퓨팅이 완벽하게 운영되기 위해서는 어떤 IT 환경 조건이 필요할까?

| 클라우드 컴퓨팅 환경 구조

첫째, 지금보다 한층 성능이 뛰어난 인터넷 환경이 필수적이다. 대용량 파일을 올리거나 내릴 때 지금보다 전송 속도가 빠른 인터넷 통신 환경이 구축되어야 한다.

둘째, 이동 중에도 유선 환경처럼 서비스가 제공되어야 하기 때문에 빠르고 안정된 무선 인터넷 서비스 환경 구축이 필요하다.

셋째, 클라우드 컴퓨팅 환경은 여러 사람이 서버를 공동으로 이용하기 때문에 개인 정보 유출과 같은 사건이 일어난다면 우리 사회가 많이 혼란스러워질 것이다. 따라서 외부의 해킹 위협으로부터 안전한 보안 시스템을 갖추는 것이 매우 중요하다.

06 증강현실 기술

"경복궁 현장 체험 학습을 나가 스마트폰 카메라로 여기저기 비추니 경복궁의 역사적 이야기, 건축적 특징, 사진을 찍기 좋은 장소, 주변에 관람하기 좋은 다른 역사적 장소 등이 화면에 소개되었다." 이와 같은 일을 가능하게 하는 기술을 증강현실이라고 하는데, 이는 우리 일상생활의 어느 분야에서 활용되고 있을까?

스마트폰이나 태블릿 PC 등을 이용하여 현실과 가상이 융합된 새로운 체험을 가능하게 하는 것이 증강현실(AR; Augmented Reality)이다. 즉, 현실 공간에 있는 사물에 대한 정보를 가상으로 덧붙여 보여 주거나 현실과 가상의 융합으로 실제 물건이나 장소, 혹은 사람에 대해 컴퓨터 기술을 이용하여 특별한 체험이나 정보를 보여 주는 기술이다.

증강현실 기술은 사용자가 현실 세계를 그대로 경험하는 가운데 컴퓨터가 나타내 주는 가상의 사물을 융합하여 현실 세계에서 얻기 어려운 정보들을 보충해서 보는 것이다. 증강현실을 통해서 보는 세상은 그 자체가 현실이며, 이 현실 세계가 증강현실 기술과 자연스럽게 융합하여 또 하나의 현실 세계를 보여 준다. 예를 들어 '나'라는 현실의 존재가 가상의 사물인 주인공이 되어 하늘을 날아다니는 체험이 가능하다.

증강현실 기술을 완벽하게 구현하려면 센싱 기술(카메라, GPS, *자이로 센서, *RFID 등), 디스플레이 기술(모바일용 소형 디스플레이, 헤드 마운티드 디스플레이, 휴대용 프로젝터, 일반 액정 텔레비전), 2차원 및

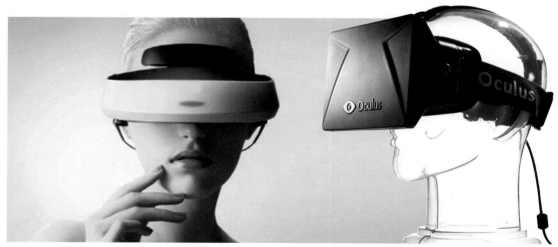

| 헤드 마운티드 디스플레이(HMD; Head Mounted Display), 머리 부분 탑재형 디스플레이 머리 부분에 장착하여 사용자의 눈앞에 직접 영상을 제시할 수 있는 디스플레이 장치이며, 1968년 유타 대학의 이반 서덜랜드가 최초로 만들었다.

3차원 그래픽 기술, 네트워크 기술(고속 데이터 통신 기술, 무선 LAN 등)의 정보가 필요하다.

증강현실이라는 용어는 1990년 미국의 항공기 업체 보잉 사의 톰 코델이 가상 이미지를 실제 화면에 겹쳐서 보여 주며 항공기 전선 조립 과정을 설명한 것이 최초이다. 이후 2000년대 초반까지는 연구 개발이나 실험적 적용 등에 활용되다가 최근에는 제조, 조립 분야를 넘어 무선 통신, GPS, 스마트폰과 의료 분야에까지 활용 범위가 넓어지고 있다.

증강현실 기술은 현재 우리 생활 주변에서 다양하게 활용되고 있는데, 사례를 찾아보면 다음과 같다.

사례1 방송 분야

스포츠 중계나 뉴스 등에 증강현실 기술이 많이 활용되고 있다. 예를 들면 일기 예보에서 기상 캐스터의 배경에 나타나는 모든 기상 관련 정보는 컴퓨터 그래픽으로 만든 가상의 화면이다.

| 축구 중계에 사용된 증강현실 기술 운동장이라는 현실 공간에 나타난 국기와 각 선수의 사진은 현실에 존재하는 것이 아니라 운동장이라는 현실 공간에 가상 정보가 더해진 것이다.

아하 그렇구나

가상현실이란?

가상현실(VR; Virtual Reality)은 컴퓨터를 이용하여 어떤 특정한 환경이나 상황을 만들어서, 그것을 사용하는 사람이 마치 실제 주변 상황이나 환경과 상호 작용을 하고 있는 것처럼 만들어 주는 인터페이스를 제공한다. 즉, 가상의 현실을 컴퓨터상으로 만들어서 체험하는 것이다.

가상현실의 대표적인 사례는 게임이다. 우리는 가상현실 속에서 만들어진 콘텐츠를 보며 직접 체험하듯이 게임을 즐기곤 한다. 현실 세계와 가상 세계가 혼합되지는 않았지만, 가상 세계에 또 다른 세상을 만들어 콘텐츠를 체험하는 것이다.

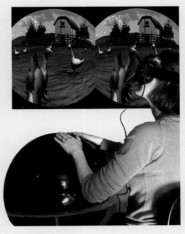

| 가상현실 게임

---

* 자이로 센서(자이로스코프 센서) 스마트 기기의 움직임을 입체적으로 감지하는 센서이다.

RFID(Radio Frequency Identification) 무선 주파수(radio frequency)를 이용하여 대상을 식별하는 기술로, 반도체 칩을 내장하여 무선으로 관련 정보를 관리하는 차세대 인식 기술이다.

사례2 모바일 애플리케이션 분야

스마트폰과 같은 모바일 단말기에서 증강현실을 보여주는 애플리케이션이 많이 개발되고 있다. 주변을 비추면 지역 정보를 제공하는 서비스, 하늘을 비추면 별자리를 보여주는 서비스, 책자를 비추면 실물 애니메이션이 구현되는 서비스, 제품을 비추면 재미있는 홍보 영상을 보여주는 서비스 등 다양한 증강현실 서비스가 개발 중이다.

사례3 게임 분야

게임은 온라인 또는 컴퓨터 내의 가상 공간만으로는 현실감이 부족하기 때문에 더 실제적인 현실감을 느끼기 위해 증강현실 기술을 많이 활용한다.

사례4 교육 분야

교육 분야에서 증강현실 기술은 실제 환경에서 가상의 도구를 이용하여 체험 중심의 학습 경험을 제공하는 데 효과가 있기 때문에 현재 다양한 교육 분야 응용프로그램들이 개발되고 있다.

증강현실 기술은 미국의 공신력 있는 IT 리서치 회사인 가트너 그룹이 미래를 이끌 10대 혁신 기술로 선정하였을 만큼 전 세계적으로 주목받는 기술로 성장하고 있으며, 앞으로 우리 생활의 다양한 분야에서 성장성이 매우 큰 대표적인 기술이다.

ThinkGen
증강현실 기술을 활용한 응용 프로그램 개발에 있어 표준화는 꼭 필요할까?

최근에는 스마트폰이 고성능 그래픽 처리 기술과 함께 카메라와 GPS를 비롯한 각종 센서를 기본적으로 내장하고 있어서 증강현실 기술을 적용한 다양한 응용 프로그램들이 개발될 것으로 예상된다.

그러나 증강현실 기술의 발전 과정에서 개인의 초상권과 같은 프라이버시 등이 침해될 가능성이 있기 때문에 이 문제에 대한 기술 보완과 법적·제도적 보호 장치 등을 마련하는 것이 시급한 과제이다. 또한 사용자가 필요한 정보만을 골라서 볼 수 있는 필터 기능, 정보의 유용성을 자동으로 판별해 주는 시스템과 같이 유해한 정보를 차단할 수 있는 기술 개발도 필요하다.

현재 활용되고 있는
증강현실 기술

┃ **증강현실 기반의 지역 정보 서비스** 모바일 단말기에 장착된 카메라로 주변의 거리를 비추면 카메라 영상에 나타난 곳의 정보가 해당 위치에 합성되어 표시됨으로써 해당 건물이나 위치에 대한 정보를 얻을 수 있다.

┃ **산업현장에서의 증강현실 기술 활용** 최근 산업 현장에서 증강현실 기술을 이용하여 제품 제조 및 생산을 관리하고 있다.

┃ **증강현실 기술을 활용한 게임 'EyePet'** 일본의 소니 사에서 만든 이 게임은 실제로 애완동물을 기르는 듯한 현실감을 부여해서 만든 증강현실 기술 응용 게임이다.

┃ **증강현실 기술을 이용한 역사 놀이 교육** 교재나 교구와 같은 평면적인 교육용 콘텐츠를 입체적으로 구현하여 학습과 놀이를 동시에 가능하게 함으로써 학습 효과를 극대화할 수 있다. 증강현실 기술은 특히 호기심이 강한 아동 대상의 교육물에 많이 활용되고 있으며, 모바일 단말기를 비추거나 단말기를 TV 등과 연결하여 사용할 수도 있다.

○7 감정 인식 기술

감정은 인간의 마음 상태를 나타내는 가장 중요한 요소 중 하나로, 표정으로만 또는 목소리만으로도 그 사람의 현재 기분이나 감정을 표현할 수 있다. 그렇다면 IT 기술이 이러한 인간의 기분과 감정 표현까지도 파악할 수 있을까?

스마트폰의 기술 발전은 상대방과 통화하는 전화기의 기능과 다양한 멀티미디어 서비스를 제공하는 기능을 넘어 인간 중심의 *인터페이스를 제공하는 방향으로 진행되고 있다. 즉, 인간의 감정과 기호 등을 종합적으로 파악하여 개인별 맞춤형 서비스를 제공하는 수준에까지 도달한 것이다.

| **MS 사의 감정 인식 프로그램** 사진 속 얼굴을 인식해 분노, 경멸, 공포, 혐오, 행복, 중립, 슬픔, 놀라움 등 8개의 핵심 감정 상태를 확인하며 그 상태를 수치화하여 데이터로 보여준다.

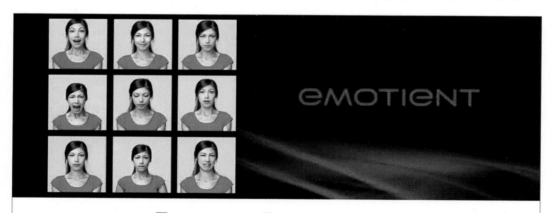

| **스마트폰으로 구현 가능한 감정 인식 기술 앱 '이모션트(Emotient)'** 구글 글라스의 카메라를 이용하여 매장에 들어온 고객들의 얼굴 표정을 분석한 다음 그들이 제품이나 서비스 등에서 느끼는 감정을 데이터화하여 보여 주는 앱이다. 고객의 감정을 읽어 내는 앱(소프트웨어)의 활용은 회사 측에서는 매우 유용하게 쓰이겠지만, 고객 입장에서는 자신의 감정을 허락 없이 읽어 낸다는 점에서 사생활 침해라는 부작용을 불러올 수도 있다.

＊

인터페이스(interface) 서로 다른 두 물체 사이에서 상호 간에 대화하는 방법을 뜻한다.

이러한 서비스를 가능하게 하는 기술 중 감정 인식 기술은 인간의 기본적인 6가지 감정인 기쁨, 슬픔, 화남, 놀람, 공포, 혐오를 인식하는 것으로, 음성 및 얼굴 표정을 비롯하여 뇌파 · 맥박 · 체온 등의 생체 데이터로부터 인간의 감정을 인식한다. 감정 인식 기술은 스마트 기기와 센서 기술의 발전으로 최근 많은 관심을 끌고 있다.

현재 감정 인식 기술 중에서 가장 앞서 나가고 있는 분야가 음성 인식이다. 특히 스마트폰 환경에서의 음성 인식 응용 서비스인 음성 검색, 자동 통역, 인공 지능 개인비서 등의 기술이 본격적으로 시작되고 시장에 등장하였다. 이러한 기술들은 단순한 음성 인식 기술의 단계를 넘어 기계에 인간의 감정을 전달하는 인문학적 사용자 경험 기술을 보여주고 있다. 그렇다면 이러한 기술이 미래에 자동차, 로봇 등과 융합하면 어떻게 될까?

Think Gen
감정 인식 기술의 발전이 가져올 수 있는 문제점은 무엇이 있을까?

가령 이러한 기술이 로봇의 두뇌 역할을 하게 된다면 로봇과 사람이 다정하게 대화를 나눌 수 있게 될 것이다. 또한 스마트 TV에 적용된다면 채널을 돌릴 필요 없이 '야구 경기 채널로 돌려줄래?'라고 말하면 자동으로 해당 채널로 변경해 줄 것이다.

일본 소프트뱅크 사에서 만든 감정 인식 로봇 '페퍼'는 2020년 효과적인 영어 학습 및 학생 관리를 할 수 있는 '뮤즈 아카데미 모드' 페퍼 버전까지 출시되어 영역을 확대하고 있다. 뮤즈는 소셜 로봇용으로 개발한 대화 엔진으로, 딥러닝 알고리즘에 따라 대화 문맥과 상황을 인지하고 사용자의 기분이나 피곤한 정도를 표정, 색, 소리로 나타낼 수 있다. 미래에는 이보다 훨씬 더 뛰어난 두뇌와 다양한 기능을 갖춘 로봇이 등장하여 사람들과 다정하게 대화를 나누는 장면들을 자연스럽게 접할 수 있게 될 것이다.

또한 미래에는 맥박, 체온, 근육의 움직임 정도 등의 다양한 감정 인식 기술 분야에서 연구가 더욱 활발해질 것이며, 이에 따라 다양한 사용자 인터페이스가 개발될 것으로 보인다.

| VR 기술은 시각과 청각을 넘어 후각과 미각 등 오감 인식을 구현하는 방향으로 발전하고 있다.

아하 그렇구나

센서가 사람의 감정을 표현한다?

감정 인식 기술 중에서 음성을 인식하는 기술은 많이 일반화되었다. 그런데 최근 사람의 얼굴 인식은 물론 사람의 감정 상태, 행동 특징, 의사 결정 유형까지 인식이 가능한 기술이 개발되었다. 이처럼 인간의 오감을 이용한 센서 기술은 앞으로도 계속하여 발전할 것으로 예측된다.

| **SENSOREE 사가 개발한 GER MOOD 스웨터** 스웨터의 목깃 부근에 센서 장치와 연결된 LED 전구가 내장되어 있어 착용하고 있는 사람의 흥분 정도와 기분에 따라 전구 색상이 달라진다.

사람과 대화하는
감정 인식 로봇
PEPPER

로봇 '페퍼(Pepper)'는 키 120cm의 감정 인식 로봇으로, 사람의 몸짓과 목소리를 읽어내 감정을 인식하고 사람과 대화할 수 있다. 또한 머리와 손에 달린 터치 센서를 통해 사람과의 접촉을 즐길 수도 있으며, 고해상 카메라와 마이크로폰 등을 통해 사람을 탐지할 수 있다.

08 N스크린

우리가 좋아하는 TV 프로그램이나 스포츠 중계 등을 지하철, 차 안, 학교, 집 등 시간과 장소에 구애받지 않고 영상의 끊김 없이 이어서 볼 수 있는 것은 N스크린이라는 기술 덕분이다. N스크린이란 정확히 어떤 기술이며, N스크린 서비스를 위해서는 어떤 조건이 필요할까?

N스크린은 말 그대로 N개의 스크린을 의미한다. 즉, 하나의 멀티미디어 콘텐츠(영화, 음악 등)를 PC, 태블릿 PC, 스마트폰, 스마트 TV 등 다양한 N개의 디지털 정보 기기에서 끊김 없이 연속적으로 즐길 수 있게 하는 기술이나 서비스를 말한다.

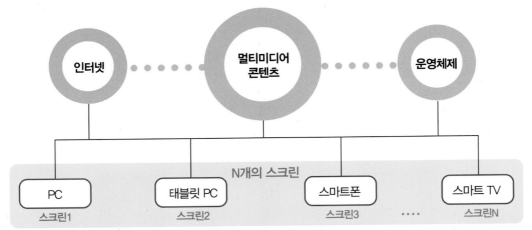

| **N스크린 개념** 멀티미디어 콘텐츠를 클라우드 저장 공간(인터넷상의 서버)에 올려놓은 후 다양한 디지털 정보 기기를 통해 영상물을 볼 수 있도록 한다. 이때 기기에 내장된 운영체제의 제어 하에 N스크린이 실행된다.

예를 들어, 집에서 TV로 드라마를 보고 있는데 갑자기 사무실에 갈 일이 생겼다고 하자. 예전에는 이런 일이 있으면 당연히 집을 나서는 순간부터 드라마를 볼 수 없었지만, N스크린을 이용하면 지하철에서 스마트폰으로 드라마를 이어서 계속 볼 수 있고, 사무실에 도착해서도 컴퓨터를 이용하여 드라마를 계속해서 볼 수 있다.

N스크린 서비스는 콘텐츠 사용 기기의 증가에 힘입어 등장하였다. 대표적인 콘텐츠 사용 기기인 스마트폰 가입자 수가 2018년 현재 전 세계적으로 30억 명을 넘어섰고, 국내 스마트폰 가입자 수도 5,000만 명을 넘어서고 있다. 그리고 한 사람이 두 개 이상의 기기를 사용하는 경우도 증가하였으며 인터넷 연결 기기가 다양화되었다는 점도 N스크린

서비스 등장에 한몫하였다. 예를 들어, 가정에서의 대표적인 콘텐츠 사용 기기인 TV가 *IPTV와 *커넥티드 TV(Connected TV)를 넘어 스마트 TV 시대로 진화하면서 소비자가 일방적으로 콘텐츠를 소비하는 것이 아닌 양방향 소통의 시대가 되었는데, 이러한 상황이 N스크린 서비스를 앞당기는 계기를 만들었다.

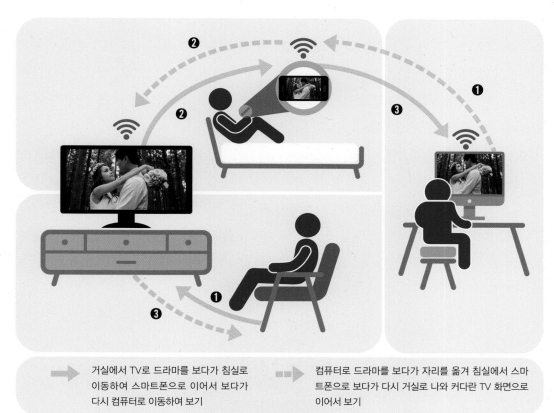

| ➡️ 거실에서 TV로 드라마를 보다가 침실로 이동하여 스마트폰으로 이어서 보다가 다시 컴퓨터로 이동하여 보기 | ⇢ 컴퓨터로 드라마를 보다가 자리를 옮겨 침실에서 스마트폰으로 보다가 다시 거실로 나와 커다란 TV 화면으로 이어서 보기 |

| **N스크린 활용 사례** 만약 사용자가 스마트폰, PC, 스마트 TV와 같이 세 가지 기기를 사용한다면, 각 기기에 모두 스크린이 있으므로 사용자는 3개의 스크린에서 한 콘텐츠를 이어서 볼 수 있다. 이처럼 N스크린은 사용자가 가진 N개의 스크린을 하나의 스크린처럼 사용할 수 있는 것을 뜻한다. 따라서 어떠한 콘텐츠가 있으면 스크린을 가진 다양한 디지털 정보 기기에서 언제 어디에서든 연속적으로 볼 수 있다.

N스크린 서비스는 미국 최대의 통신사인 AT&T에서 처음 시작하였다. AT&T는 세계 최초로 3개의 스크린(TV, PC, 휴대전화)에서 이용할 수 있는 3Screen Play Service를 통해 사용자가 콘텐츠를 동기화하여 이용할 수 있도록 하였다. 이후 각 통신사 및 업체들 또한 가입자 확보와 경쟁력 유지 및 차별화를 위해 N스크린 서비스를 시작하였다.

🖋 작업들 사이의 수행 시기를 맞추는 것을 의미

*
IPTV(Internet Protocol Television) 초고속 인터넷망을 이용하여 다양한 멀티미디어 콘텐츠 및 인터넷 검색 등을 텔레비전 수상기(방송된 영상 전파를 받아 화상으로 변화시키는 장치)로 제공하며, VOD 등 양방향 서비스를 제공한다.
커넥티드 TV(Connected TV) 인터넷 기반 서비스가 가능한 TV를 의미한다. 직접 인터넷망에 접속하여 인터넷에서 제공하는 다양한 서비스를 받을 수 있고, 인터넷 검색도 가능하다.

N스크린 서비스가 제대로 이루어지기 위해서는 다음과 같은 조건을 갖추어야 한다.

첫째, 클라우드 환경이 되어야 한다. N스크린은 사용자가 정식으로 구매한 콘텐츠를 자신의 IT 기기가 아닌 해당 서비스 통신사의 서버에 올려놓고 필요에 따라 네트워크를 통해 접근하는 일종의 클라우드 서비스이다. 따라서 N스크린 서비스를 이용하기 위해서는 클라우드 환경이 먼저 구축되어야 한다.

둘째, 스마트 TV가 필요하다. 스마트 TV는 일반적인 방송 프로그램 시청뿐만 아니라 인터넷을 통해 다양한 콘텐츠까지 즐길 수 있는 TV로, 노트북, 스마트폰, 태블릿 PC 등과 같은 다른 정보 기기와 콘텐츠를 공유할 수 있다. 따라서 N스크린 서비스를 이용하기 위해서는 스마트 TV가 필요하다.

셋째, 모바일 기기가 필요하다. N스크린을 이용하려면 스마트폰, 태블릿 PC, PMP 등의 모바일 기기가 필요하다. 아직까지는 N스크린 기능을 사용할 수 있는 모바일 기기가 몇 개 없지만, 앞으로는 다양한 기기로 확대될 것이다.

넷째, N스크린 서비스와 모바일 기기들을 서로 연결할 수 있는 안정적인 통신 환경이 갖추어져야 한다. 이동하면서도 끊김이 없고 자연스럽게 콘텐츠를 즐기려면 지금보다는 더욱 빠르고 안정적인 통신 환경을 갖추는 것이 우선되어야 한다.

| N스크린 서비스 환경

마지막으로, N스크린 서비스로 즐길 수 있는 다양한 콘텐츠 확보이다. 아무리 좋은 단말기와 통신 환경이 조성되었다고 하더라도 서비스할 수 있는 콘텐츠가 부족하면 아무 의미가 없다. 따라서 사용자가 원하는 다양한 콘텐츠 확보가 필요하다.

N스크린 서비스 여건이 조성되었다고 하더라도 우리 생활에 안정적으로 정착하기 위해서는 다음과 같은 문제가 해결되어야 한다.

첫째, 단말기 또는 기기 간에 서비스가 원활하게 이루어지기 위해서는 단말기 간에 표준화된 *프로토콜이 마련되어야 한다.

둘째, 콘텐츠에 대한 저작권 문제가 발생할 가능성이 높으므로 합리적인 저작권 관련 기준안이 마련되어야 한다.

셋째, 불법 콘텐츠 이용을 억제하기 위한 정책 및 기술적 조치가 이루어져야 한다. 만일 클라우드에 불법적인 콘텐츠가 수록되어 있다면 N스크린 서비스가 불법 콘텐츠 이용을 가능하게 하는 새로운 도구가 될 가능성이 크기 때문이다.

Think Gen

정보 이용자의 측면에서 N스크린 서비스가 활성화되면 어떤 점이 좋을까?

넷째, 보안과 안정성을 확보할 수 있는 시스템이 갖추어져야 한다. N스크린 환경은 콘텐츠, 정보 등을 이동·추천·공유하는 과정에서 보안 문제가 발생할 가능성이 큰데, 이에 대한 안정성이 확보되어야 한다.

* ───────
프로토콜 컴퓨터와 컴퓨터, 컴퓨터와 단말기 등의 정보 기기 간에 원활한 정보 교환을 위해 여러 가지 통신 규칙과 방법을 약속한 통신의 규약을 뜻한다.

09 플렉시블 디스플레이

백화점의 벽면이나 터널의 곡면 천장에 설치된 대형 화면 등에서 흘러나오는 동영상 광고, 몸에 여러 가지 디스플레이를 부착한 채 거리를 활보하는 젊은이들……. 플렉시블 디스플레이는 머지않은 미래에 이런 모습을 흔히 볼 수 있는 광경으로 만들어 줄 것이다. 플렉시블 디스플레이란 무엇이며, 앞으로 어디까지 발전할 수 있을까?

플렉시블 디스플레이(flexible display)는 기존의 디스플레이 특성을 유지하면서도 종이처럼 구부리거나 두루마리처럼 말 수 있는 얇고 유연한 기판을 사용하여 만든 디스플레이이다.

ThinkGen
플렉시블 디스플레이의 발전 방향에 대하여 생각해 보자.

플렉시블 디스플레이의 장점은 딱딱한 일반 디스플레이와는 달리 깨질 위험이 없고, 유리에 비해 가볍고, 두께가 얇고, 자유롭게 구부릴 수 있으며 작은 화면에 많은 정보가 들어 있다는 점이다. 더불어 플렉시블 디스플레이를 이용하면 사람들이 콘텐츠를 볼 때 일반 디스플레이로 보는 것보다 집중도를 높일 수 있고 기기를 다양한 모양으로 만들 수 있다는 장점도 있다. 그러나 가격이 매우 비싸며, 사용 과정에서 발생하는 전자파 문제 등 앞으로도 해결해야 할 과제가 많다.

| 플렉시블 디스플레이 시제품

플렉시블 디스플레이는 앞으로 다양한 분야에 활용될 것이다. 특히 말아서 휴대할 수 있는 편리함 때문에 전자책이나 전자 신문에 많이 쓰일 것으로 예상된다. 플렉시블 디스플레이 기술이 적용되면 얇은 전자 신문 1장만으로도 많은 기사들을 볼 수 있고, 내용을 이리저리 움직이거나 동영상 재생도 가능하게 될 것이다.

1단계 | 언브레이커블 (unbreakable) 디스플레이

2단계 | 벤더블(bendable) 디스플레이

3단계 | 롤러블(rollable) 디스플레이

4단계 | 폴더블(foldable) 디스플레이

| **플렉시블 디스플레이 발전 단계 예상도** PC나 스마트폰 등의 디스플레이가 사각형 형태이기 때문에 초창기 스마트 워치도 이를 따라 사각형이 대세였다. 그러나 최근에는 기능뿐만 아니라 패션이 함께 강조되면서 원형 디자인에 아날로그 시계의 감성적인 느낌까지 갖춘 제품들이 출시되고 있다.

또한 잘 깨지지 않는 성질 때문에 각종 모바일 기기에 이용될 것이다. 최근에는 플렉시블 디스플레이 기술을 적용한 스마트폰도 출시되고 있다. 초소형 PC나 플렉시블 디스플레이를 결합한 전자 옷, 그리고 전자 카드 등 다양하고 성능이 뛰어난 제품들이 많이 개발될 것으로 예상된다. 한 손에 잡히지 않아 크기가 부담스러운 태블릿 PC에 플렉시블 디스플레이를 장착하면 보지 않을 때는 책처럼 반으로 접었다가 사용할 때는 양쪽으로 펼치면 된다. 플렉시블 디스플레이를 자동차 앞 유리에 부착해 길 안내를 하게 하거나 팔찌 같은 형태의 스마트 워치를 만들 수도 있고, 심지어 스마트 선글라스나 작은 디스플레이가 부착된 스마트 재킷을 만드는 것도 가능한 일이다.

현재 플렉시블 디스플레이 기술은 개발 초기 단계로 다양한 분야에 적용하여 활용되기에는 아직 이르다. 그러나 세계적으로 관련 기술들에 대한 연구가 많이 진행되고 있기 때문에 우리 일상생활에서 플렉시블 디스플레이 기술이 적용된 제품을 사용하게 될 날도 머지않았다.

토론

스티브 잡스는
세상을 어떻게 바꿨을까?

애플 사의 전 CEO이자 공동 창립자인 스티브 잡스는 혁신과 열정으로 IT 혁명을 일으킨 창의적인 기업가였다. 매킨토시 컴퓨터, 아이팟, 아이폰, 아이패드 등 정보 통신 기술의 흐름을 바꾸어놓을 정도로 혁신적인 제품들을 개발했던 스티브 잡스의 대표적인 발자취를 살펴보자.

2
그래픽 사용자 인터페이스 (GUI)와 마우스를 도입하다
리사, 매킨토시(1983, 83년 출시)
마우스로 작동되는 아이콘, 윈도, 커서 등이 장착되었으며 오늘날 컴퓨터 인터페이스의 기반이 되었다.

3
컴퓨터 그래픽 애니메이션 시대의 문을 열다
토이스토리(1995년 제작)
애니메이션 제작사인 픽사를 운영하며 컴퓨터로 장편 애니메이션을 만드는 시대를 열었다.

1
PC 시대의 문을 열다
애플 II(1977년 출시)
최초로 성공한 개인용 컴퓨터로, 대량 생산 목적으로 만들어졌으며 수차례 업그레이드를 거쳐 1993년까지 생산되었다.

7
애플 생태계를 구축하다
앱 스토어
협력 업체들과 수익을 배분하는 애플의 에코 시스템은 글로벌 비즈니스에 큰 영향을 미쳤다.

Steve Jobs
1955-2011

4
합법적으로 음악을 다운로드하다
아이튠즈 스토어(2003년 출시)
복잡했던 디지털 음원 구매를 간편하게 하고 합법적 다운로드 루트를 만들었다. MP3 플레이어 '아이팟'(iPod)을 만들었다.

5
스마트폰의 혁명을 일으키다
아이폰(2007년 출시)
혁신적 기술과 미니멀한 디자인, 터치스크린 방식 등을 도입해 휴대전화 시장의 혁명을 일으켰다.

6
포스트 PC 시대를 열다
아이패드(2010년 출시)
수십 개 회사가 태블릿 PC를 만들었으나 유일하게 아이패드가 성공을 거두었다.

1 단계　스티브 잡스가 개발한 기술들이 인류에 끼친 긍정적 영향에 대하여 마인드맵을 그려 보자.

2 단계　스티브 잡스가 인류에 어떤 영향을 끼쳤는지 간단히 써 보자.

다가오는 유비쿼터스 사회에서는 디지털 기술이 발전함에 따라 모든 사물과 기기가 서로 융합하여 연결되는데, 이를 디지털 컨버전스(convergence)라고 합니다. 앞으로는 전 세계가 하나의 네트워크로 연결되어 언제 어디서나 끊김 없이 정보를 이용할 수 있는 디지털 환경이 조성될 것입니다.

제3부에서는 미래 우리 세상을 바꾸는 데 가장 큰 영향을 미칠 디지털 컨버전스 기술 중에서도 가장 핵심적인 RFID 기술, 나노 기술, 임베디드 시스템, 모바일 헬스케어, 웨어러블 컴퓨터, 3D 프린터 기술 등에 대해 알아보겠습니다.

세상을 바꾸는
디지털 컨버전스 기술

01 RFID 기술

불과 몇 년 전까지만 해도 고속 도로 입구나 출구 근처의 톨게이트에는 통행료를 계산하려는 차량들이 길게 줄지어 서 있는 풍경이 흔했다. 그러나 최근에는 하이패스라는 통행로가 새로 생기면서 정체 없이 신속하게 통과하는 모습으로 바뀌고 있다. 이런 변화의 배경에는 RFID 기술이 있다. 그렇다면 RFID 기술은 무엇일까?

*고속 도로나 유료 도로에서 통행료를 받는 곳

RFID(Radio-Frequency Identification)란 초소형 반도체 칩(전자 태그)에 상품이나 사물의 정보를 저장하고, 전파를 이용하여 태그 안의 정보를 인식하는 기술로 바코드와 기본 동작 원리가 비슷하다. 그러나 직접 판독기에 대는 바코드와 달리 RFID는 무선으로 신호를 주고받기 때문에 먼 거리에서 데이터 읽기가 가능하다. 또한, RFID는 저장할 수 있는 정보량이 수십 단어에 불과한 바코드와 달리 수천 단어를 저장할 수 있다.

RFID 기술은 모든 사물에 컴퓨팅 및 통신 기능을 부여, 언제 어디서나 통신이 가능한 환경을 구현함으로써 사람 중심에서 사물 중심의 정보 사회로 전환하는 역할을 한다.

RFID 시스템은 크게 정보를 제공하는 전자 태그와 판독 기능을 하는 리더, 데이터를 처리할 수 있는 호스트 컴퓨터로 구성된다.

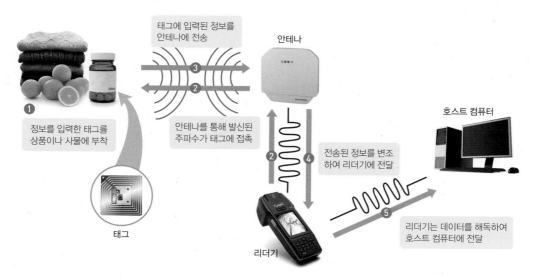

❶ 정보를 입력한 태그를 상품이나 사물에 부착

태그

❷ 태그에 입력된 정보를 안테나에 전송

안테나

❷ 안테나를 통해 발신된 주파수가 태그에 접촉

호스트 컴퓨터

❹ 전송된 정보를 변조하여 리더기에 전달

리더기

❺ 리더기는 데이터를 해독하여 호스트 컴퓨터에 전달

| **RFID 시스템의 기본 구성 및 작동 방식** 사물에 부착하는 RFID 태그에 포함된 정보는 안테나가 붙어 있는 리더기를 거쳐 무선 통신으로 호스트 컴퓨터에 전송되고, 호스터 컴퓨터는 이 정보를 저장하고 처리한다.

현재 RFID 기술은 우리 생활의 다양한 분야에서 활용되고 있다. 운동선수들의 기록 측정부터 상품의 이력 검색, 각종 신분증 등에 태그를 부착하여 사용하고 있으며, 동물의 피부에 태그를 이식하여 야생 동물 보호나 가축 관리 등에 사용하기도 하고, 환자의 몸에 태그를 부착하여 질병 치료에도 활용하고 있다. 최근 우리 주변에서 쉽게 볼 수 있는 사례로는 버스나 지하철 등의 대중교통을 이용할 때 사용하는 교통 카드, 음식물 쓰레기를 버린만큼 요금을 부담하는 종량제 시스템에도 RFID 기술을 활용하고 있다.

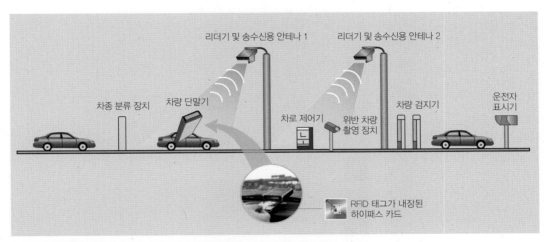

| **RFID 시스템 활용 사례** 고속 도로 통행료 지불을 위한 하이패스 시스템의 처리 과정

현재 리더기(혹은 판독기)를 통해 정보를 판독하는 기기로는 바코드를 많이 사용하고 있지만, 시간이 지날수록 미래에는 RFID 기술의 활용 범위가 더욱 확대되면서 바코드 기술을 대체할 것으로 보인다. 바코드는 판독기가 일직선상에 있어야 하며, 리더기와 바코드 사이에 방해물이 없어야 판독이 가능하다. 이에 비해 RFID 기술은 전파에 의해 정보가 판독되기 때문에 방향과 방해물의 영향은 받지 않지만, 전파의 강약에 의한 거리의 제약을 받을 수 있다. 또한 RFID 기술은 물건마다 각각의 정보를 부여할 수 있기 때문에 재고 파악이나 도난 방지에도 큰 도움이 된다.

| 리더기로 바코드의 정보 읽기

RFID와 바코드의 비교

구분	동시 인식	원거리 인식	투과성
RFID	초당 100개	5~10m	포장을 해체하지 않고 작업 가능
바코드	초당 1~2개	50cm 이내	바코드를 직접 접촉하여 인식

RFID 태그 기술의 장점은 반영구적으로 사용할 수 있고, 대용량의 메모리(기억 장치)를 내장하여 이동 중에도 정보 인식이 가능하다는 것이다. 또한 먼 거리에 있는 정보도 쉽게 인식할 수 있고 반복 사용이 가능하며, 여러 개의 태그 정보를 동시에 인식할 수 있다.

ThinkGen
RFID 태그의 활용에 따른 장점에는 어떤 것이 있을까?

반면에 가격이 비싸고, 뜻하지 않게 개인 정보가 유출되어 사생활을 침해할 가능성이 높다는 점은 단점으로 꼽힌다. 예를 들면 신분증에 사용되는 RFID 태그에서 개인 정보가 유출될 위험도 있고, 물건을 구매한 후 물건에 붙어 있는 태그를 제거하지 않았을 경우 구매자의 이동 경로가 모두 파악될 위험도 존재한다.

그리고 RFID 태그에 국제적인 표준을 정하는 것도 중요하다. 현재는 각 나라에서 사용하는 주파수가 달라 국가 간에 서로 호환되지 않는 문제점이 있다. 이와 같은 단점을 해결한다면 RFID 기술은 우리의 생활을 더욱 편리하게 만들어 줄 것이다.

| RFID 응용 분야

질문이요 USN 기술이 뭔가요?

USN(Ubiquitous Sensor Network)은 모든 사물에 RFID를 부착하고 인터넷에 연결하여 정보를 인식·관리하는 네트워크를 의미한다. 현재 사람 중심에서 사물 중심으로 정보화를 확대하고 더 나아가 궁극적으로는 광대역망과 통합하여 유비쿼터스 네트워크로 발전하는 것을 말한다. RFID와 USN은 사람, 사물, 컴퓨터가 유기적으로 연결되는 유비쿼터스 드림을 실현해줄 혁신적인 기술로서, 세계의 석학들은 앞으로 다가올 미래를 주도할 핵심 기술로 RFID와 USN을 주목하고 있다.

아하
그렇구나

NFC 기술이란?

NFC(Near Field Communication, 근거리 무선 통신)란 아주 가까운 거리(대략 10cm 이내)에서 기기 간 무선 통신을 가능하게 하여 데이터를 교환할 수 있는 무선 통신 기술이다.

NFC는 스마트폰 등에 내장되어 교통 카드, 신용 카드, 멤버십 카드, 쿠폰, 신분증 등의 역할을 대신할 수 있다. NFC의 짧은 통신 거리는 단점으로 인식될 수도 있으나, RFID 기술보다는 높은 보안성을 제공한다는 점에서는 장점이 된다.

RFID 기술은 정보의 흐름이나 명령 실행이 한쪽 방향으로만 진행되지만, NFC 기술은 쌍방향 실행이 가능하기 때문에 NFC 칩이 탑재된 기기는 읽기/쓰기가 모두 가능한 점이 큰 장점이다.

│ NFC의 활용 NFC 칩이 내장된 기기끼리 데이터를 주고 받으려면 통신 대상 기기에 이용자가 사용하는 기기를 직접 터치해야 한다.

은행 온라인 거래를 위해 ATM(자동 금융 거래 단말기)에 자신의 스마트폰을 터치하는 경우

02 나노 기술

만약 우리 몸 안 혈관을 타고 자유자재로 돌아다닐 수 있을 정도로 아주 작은 로봇 장치가 있다면 어떤 일들이 생길까? 아마도 몸 안에 있는 각종 박테리아, 바이러스 등을 제거하거나 수술이 어려운 뇌혈관 질환 등을 치료하는 데 큰 도움을 받을 수 있지 않을까? 이처럼 상상 속의 일들을 현실로 만들 수 있는 기술이 있을까?

나노(nano) 기술은 인류의 삶에 커다란 변화를 가져다 줄 것으로 예상되는 기술로서, 이미 오래전부터 연구가 시작되었다.

1959년 12월 29일, 미국 캘리포니아 공과대학에서 40대 초반의 리처드 파인만(Richard Phillips Feynman) 교수는 "바닥에는 풍부한 공간이 있다."라는 제목의 강연을 했다. 이 강연에서 그는 분자의 세계가 특정한 임무를 수행하는 모든 종류의 매우 작은 구조물을 만들어 세울 수 있는 건물 터가 될 것이며, 앞으로 분자 크기의 기계가 출현할 것이라고 주장하였다. 이후 1992년 *드렉슬러는 이러한 분자 수준의 물질들을 조작하고 제어하는 기술을 나노 기술이라 불렀다.

| 나노 이론의 창시자 리처드 파인만

나노 기술은 아주 미세한 원자 하나하나를 수천~수백 나노까지 변화시킬 수 있는 기술로서, 지금까지 존재했던 것과는 완전히 다른 새로운 특성과 기능을 갖는 재료 · 소자 · 시스템을 만드는 기술이라 할 수 있다. 40여 년 전 리처드 파인만에 의해 주장된 이 이론 속의 기술은 오늘날 나노 기술이라는 이름으로 구체화되었고, 새로운 산업의 원동력이 되고 있다.

ㅤ나노란 말은 난쟁이란 의미의 고대 그리스 어 나노스에서 유래했다.

---

*
ㅤ에릭 드렉슬러(Eric Drexler) 나노 공학의 창시자. 1981년 미국 매사추세츠공과대학(MIT)에서 엔지니어링을 전공하던 대학원생 시절 미국 과학아카데미 회보에 기고한 '분자공학' 논문이 나노의 시대를 알리는 시초로 평가받고 있다. 이후 1988년 스탠퍼드대학에서 세계 최초로 나노 기술을 가르치기 시작했다.

나노 기술이 우리 생활에 미칠 영향은 매우 크다. 의료, 우주·항공, 자동차, 생명 과

학, 정보 통신, 양자 컴퓨터, 몸속에서 혈당을 측정하는 바이오칩, 뇌와 소통하는 컴퓨터

       🖉 양자역학의 원리에 따라 작동되는 미래형 첨단 컴퓨터   🖉 세포 속의 단백질이 가지는 전기적 성질을 응용한 소자

등 나노 기술이 미치는 분야는 매우 광범위하다.

| 나노 기술의 파급 효과

아하
그렇구나

나노의 크기는 어느 정도일까?

나노의 단위는 10억 분의 1을 의미한다. 길이의 단위인 미터(m)와 같이 쓰면 나노미터(nm)
가 되는데, 이는 1m의 10억 분의 1인 길이를 의미한다. 예를 들어 작은 모래알이 1㎜라고
한다면 모래알보다 1,000,000배 작은 크기, 사람 머리카락 굵기의 대략 10만 분의 1 크기,
우리 혈액 속에 있는 적혈구의 5천 분의 1 크기 등에 해당한다. 더 나아가 원자의 지름이
0.1~0.3㎚ 정도이므로 원자 3~4개의 크기에 해당한다.

유전 전달 물질인 DNA 크기가 1㎚ 정도인데, 만약 1m가 지구의 크기라면 1㎚는 축구공의
크기이다. 돋보기나 현미경의 도움 없이 사람의 눈으로 크기를 구분하여 볼 수 있는 크기의
한계는 대략 100㎛(머리카락의 굵기)라고 한다. 따라서 나노 물질은 눈에 보이지 않을 정
도, 상상할 수 없을 만큼 아주 작은 크기나 구조를 가진 물질이라고 할 수 있다.

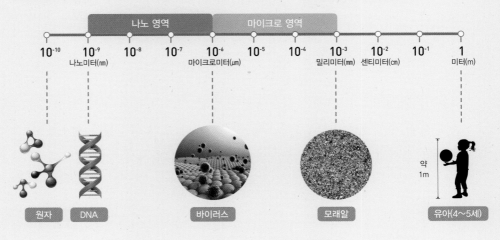

나노 기술의 활용

나노 기술은 작은 단위의 원자나 분자들을 적절히 결합하여, 기존 물질을 변형하거나 새로운 물질을 만들어 낸다. 나노 기술의 활용 사례는 다음과 같다.

나노 화장품 최근 최첨단 나노 기술을 이용한 나노 화장품들이 많이 만들어지고 있는데 미백 화장품, 자외선 차단 선크림, *은 나노 색조 화장품, 금 나노 화장수, 금 나노 립스틱 등이 있다. 이 화장품들은 생리활성 물질을 10~200 nm 크기의 나노 입자에 담아 사람의 피부 조직으로 스며들게 한다. 보통 1~10㎛ 크기인 입자를 100nm 정도로 아주 미세하게 만들면 나노 구조체의 크기가 사람의 피부 세포 크기보다 작기 때문에 피부 세포 사이를 통과하여 피부 깊은 곳까지 골고루 스며들 뿐만 아니라, 바르는 순간의 감촉도 훨씬 좋아진다.

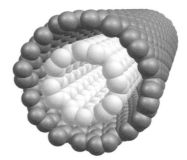

| **나노 화장품** 나노 기술은 인간의 노화를 방지하고 주름살을 없애 주는 화장품을 만드는 데에도 이용한다.

탄소 나노 튜브(CNT) 탄소를 나노 크기로 만든 탄소 나노 튜브는 탄소 6개로 이루어진 육각형들이 서로 연결된 관 모양이다. 탄소 나노 튜브는 지름이 수십 나노미터에 불과하지만 강철보다 100배 이상 강하고, 매우 가볍고 유연하며, 전도성이 구리보다 높아 전지와 스포츠 관련 제품뿐만 아니라 반도체, 항공기, 우주선, 차세대 로봇 등 여러 분야에서 활용할 수 있는 신소재로 주목받고 있다.

| **탄소 나노 튜브** 1991년 일본 전기회사(NEC) 부설 연구소의 이지마 스미오 박사가 처음 발견하였다.

의료·생명 공학 미래에는 적혈구보다 작은 치료용 나노 로봇이 우리 몸속을 돌아다니면서 혈관 속에 쌓여 있는 콜레스테롤 찌꺼기나 독성 물질들을 청소하고, 손상된 장기와 DNA를 수리하거나 몸에 침투한 나쁜 바이러스를 퇴치하게 될 것이다. 나노 캡슐에 약물

---

* 은 나노 은을 10억분의 1m 이하의 아주 작은 가루로 만들면 강력한 항균과 살균 효과 및 냄새를 제거하는 효능 등이 나타나는데 이것을 화장품, 가구, 옷 등에 이용한다.

을 주입하여 암세포만 제거하는 기술, 나노 규모의 센서를 인체에 삽입하여 혈당을 측정하는 기술, 암 환자의 몸속에 있는 암세포를 감지하여 지속적이면서 세밀하게 환자를 관찰 및 진단하는 기술 등 인체의 질병을 진단·예방하기 위한 연구가 현재 활발하게 진행되고 있다.

| 혈관 속을 돌아다니는 나노 로봇(상상도)

반도체 반도체에 나노 기술을 적용하면 집적도를 높일 수 있어서 작은 면적에 더 많은 양의 정보를 저장할 수 있다. 이로써 반도체 칩의 소형화가 가능하여 같은 크기의 웨이퍼에 더 많은 칩을 넣을 수 있으므로 생산성을 향상시킬 수 있다. 이렇듯 나노 기술로 인한 반도체 기술의 발전은 각종 전자 기기 제품들의 소형화와 함께 성능의 향상을 이끌고 있다.

실리콘 단위의 칩(chip)에 반도체 기술을 이용하여 여러 부품으로 회로를 구성할 때 칩 당 소자의 수

작은 네모 1개가 반도체 칩이 된다

이 밖에도 나노미터 크기의 이산화규소 결정을 분산시킨 나노 복합 소재를 사용한 테니스 라켓, 탄소 나노 튜브를 탄소 섬유에 혼합한 소재로 만들어 가벼우면서도 강한 야구 방망이나 골프채 등의 스포츠용품에도 나노 기술을 사용하고 있다.

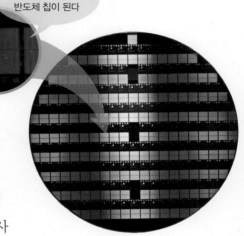

| **웨이퍼** 반도체를 만들 때 토대가 되는 원형의 얇은 판이다. 완성된 웨이퍼는 작은 네모 1개씩(각각의 칩) 절단되어 집적 회로로 사용된다.

아하 그렇구나

클레오파트라도 나노 화장품을 사용했다?
최근 프랑스 국립과학기술연구원(CNRS) 박물관보존연구센터의 필립 월터 박사는 4,000년 전 클레오파트라가 살았던 시대의 화장품 관련 유물을 분석한 결과, 나노 화장품이 발견되었다고 발표했다. 학자들은 이집트 인들이 어떤 방법을 사용하여 클레오파트라가 사용한 화장품에 나노 기술을 접목했는지에 관해 연구하고 있다.

한편, 다음과 같은 이유로 나노 기술의 부작용을 걱정하는 목소리도 많이 나오고 있다. 나노 입자는 크기가 매우 작기 때문에 인간의 피부에 침투하기 쉽고 호흡기로도 널리 전파될 수 있으며, 세포막도 직접 통과할 수 있다. 이처럼 다양한 경로를 통해 우리 몸속으로 들어온 나노 입자는 뇌까지 침투하여 심각한 문제를 일으키거나 몸속에서 돌연변이를 일으켜 생명을 앗아갈 수도 있다. 나노 입자가 더욱 걱정스러운 것은 인간뿐만 아니라 다른 생물들에게도 이러한 문제를 일으킬 수 있기 때문에 생태계의 먹이 사슬을 파괴하게 되고, 그 피해는 결국 인간에게 돌아올 것이라는 점이다.

나노 기술은 우리의 생활을 편리하게 만들 수도 있지만, 최악의 경우에는 인간의 삶 뿐만 아니라 나아가 생태계 환경을 파괴할 수 있음을 명심하고 이를 대비하기 위한 기술 개발도 서둘러야 하겠다.

ThinkGen

나노 기술의 발전이 가져올 긍정적인 면과 부정적인 면에는 어떤 것들이 있을까?

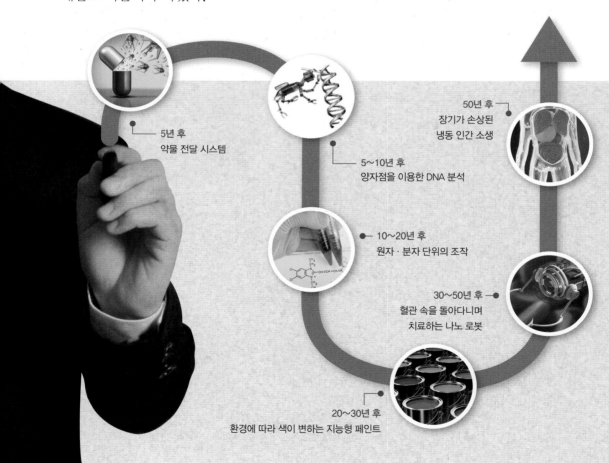

5년 후
약물 전달 시스템

5~10년 후
양자점을 이용한 DNA 분석

50년 후
장기가 손상된 냉동 인간 소생

10~20년 후
원자 · 분자 단위의 조작

30~50년 후
혈관 속을 돌아다니며 치료하는 나노 로봇

20~30년 후
환경에 따라 색이 변하는 지능형 페인트

| 나노 기술의 미래 발전 모습   〈참고〉 나노종합기술원

03 임베디드 시스템

스마트폰이나 태블릿 PC 등의 정보 통신 기기는 하드웨어적인 요소와 소프트웨어적인 요소가 융합된 기기이다. 이 두 요소가 서로 융합되어 정상적으로 통신을 하고 데이터를 처리하려면 눈에 보이는 외부 장치 외에도 눈에 보이지 않는 내부 장치나 요소가 필요한데, 이와 같은 내부 시스템을 무엇이라고 할까?

우리 생활 주변에서 볼 수 있는 각종 가전제품, 통신 기기, 자동차, 비행기, 로봇 등의 대다수 시스템에는 기기가 정상적으로 작동할 수 있도록 기기 내부에 특별한 장치를 설치하는데 이것을 임베디드 시스템(embedded system)이라고 한다. 임베디드(embedded)는 '끼워넣다'라는 의미이다.

사용자 요구에 대한 해결 방안, 관련 문제를 처리해주는 하드웨어, 소프트웨어 서비스 등을 칭함

가령 우리가 사용하는 휴대전화는 다음 그림처럼 운영체제와 각종 모바일 솔루션이 있기 때문에 통화와 각종 작업 등을 수행할 수 있다. 즉, 휴대전화의 디스플레이나 배터리와 같은 하드웨어적인 요소에 솔루션이나 운영체제같은 임베디드 시스템을 내장하고 있기 때문에 우리가 사용할 수 있는 것이다.

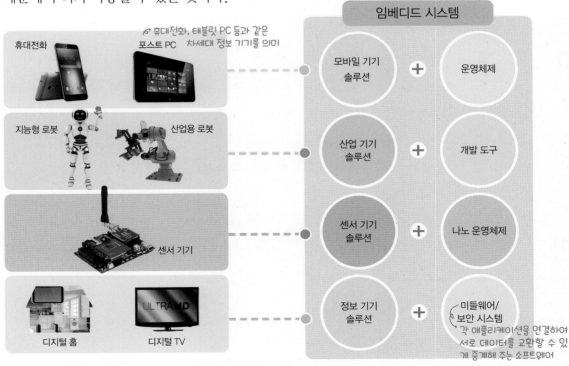

| **임베디드 시스템의 활용 분야** 우리 생활 주변의 다양한 정보 통신 기기 안에는 그들을 운용하거나 제어할 수 있는 소프트웨어와 하드웨어의 결합체인 임베디드 시스템이 내장되어 있다.

임베디드 시스템은 *마이크로프로세서나 *마이크로컨트롤러와 같은 장치를 내장하고 특정 기능을 수행하기 위해 기기 안에 탑재된다. 세탁기를 예로 들면 예전의 세탁기는 단순하게 세탁과 탈수 기능만 갖고 있었지만, 최근 출시되는 세탁기는 세탁의 종류(세탁, 헹굼, 탈수 등)부터 선택하는 것을 시작으로 세탁할 옷의 양과 물의 온도 등을 고려하여 최적의 상태에서 세탁할 수 있는 시스템을 갖추고 있다. 이처럼 이전의 시스템으로는 하기 힘든 작업을 마이크로프로세서와 그에 따른 제어 프로그램이 내장된 임베디드 시스템이 수행하는 것이다. 즉, 임베디드 시스템은 컴퓨터의 하드웨어와 소프트웨어가 조합되어 특정 목적을 수행하는 시스템이라고 할 수 있다. 하드웨어는 각종 명령을 읽고 해석하며 각종 연산 및 제어 기능을 담당하는 장치이고, 소프트웨어는 하드웨어를 제어하는 시스템 소프트웨어와 기기를 활용하는 응용 프로그램으로 구성된다.

프로세서는 하드웨어에서 가장 중요한 핵심 부품으로, 각종 장치가 정상적으로 작동할 수 있게 하는 역할을 한다. 기억 장치는 각종 명령이나 데이터, 그리고 프로그램을 수행하는 데 필요한 정보를 저장한다. 또한 입출력 장치는 프로그램 결과를 얻기 위하여 필요한 데이터를 입력하고 처리된 결과를 출력하는 역할을 한다. 키보드, 마우스, 마이크, 센서 등이 입출력 장치에 해당한다.

임베디드 시스템의 소프트웨어는 하드웨어를 동작시키고 사용자의 요청을 받아 일을 처리하는 모든 프로그램을 말한다. 즉 소프트웨어는 운영체제를 기반으로 한 기기에서 다양한 기능을 구현되게 한다. 이때 시스템 소프트웨어는 각종 입출력 장치를 관리하고 실제로 동작하게 하며, 응용 소프트웨어들은 사용자에게 편리한 인터페이스를 제공하고 사용자가 원하는 대로 일을 처리할 수 있게 한다.

*───────────────

마이크로프로세서(microprocessor) 일반 컴퓨터의 중앙 처리 장치에 해당하는 것으로, 주기억 장치를 제외한 연산 장치, 제어 장치 및 각종 레지스터들을 하나의 집적 회로에 집적시킨 것이다. 처리할 데이터를 입력받고, 기억 장치에 저장된 명령에 따라 그것을 처리하고, 결과를 출력한다.

마이크로컨트롤러(micro-controller) 마이크로프로세서와 입출력 모듈을 하나의 칩으로 만들어서 정해진 기능을 수행하는 기기이다.

임베디드 시스템의 활용 분야

인공위성

디지털 캠코더

서비스 로봇

내비게이션

모바일 기기

교육용 로봇

산업용 로봇

| 임베디드 시스템은 주로 제어 목적으로 사용되다가 정보 통신 기술이 발전하면서 최근에는 우리 생활의 다양한 분야에서 활용되고 있다. 산업용 로봇, 서비스 로봇, 지능형 장난감, 각종 모바일 기기, 홈 네트워크, 로봇 청소기, 디지털 TV, 디지털 카메라, MP3 플레이어, DMB, 내비게이션, 자동차, 인공위성, 항공기, 첨단 의료 장비, 네트워크 장비, 게임기 등 대부분의 IT 제품에 임베디드 시스템이 적용되고 있다.

04 홀로그램

공상 과학(SF) 영화를 보면 첨단 과학 기술을 사용하여 상상 속 혹은 미래에 일어날 일들을 실제처럼 보여 주는 경우가 많은데, 그중 자주 등장하는 것으로 레이저를 이용한 홀로그램 기술이 있다. 아무것도 없는 허공에 실감 나는 입체 영상을 만들어서 보여 주는 홀로그램은 과연 어떤 기술이고, 어떤 원리로 만들어지는 것일까?

홀로그램은 간단히 표현하면 3차원(3D) 영상으로 된 입체 사진으로, 현실에서 실제로 존재하는 대상을 보는 것처럼 입체적인 영상을 보여 주는 기술이다. 예를 들어 영화 '아이언맨'을 보면 주인공 토니 스타크가 조종하는 센서의 움직임에 반응하는 홀로그램 영상들이 나타난다. 주인공의 손짓에 따라 홀로그램이 움직이고, 사람의 움직임에 따라 홀로그램이 생겨나거나 흩어지기도 한다.

또, 전 세계적으로 인기리에 상영되었던 영화 '아바타'에서도 주인공이 홀로그램 디스플레이로 숲의 위치를 파악하는 장면이 등장한다. 최근에는 영화뿐만 아니라 현실에서도 홀로그램 기술이 다양하게 활용되고 있다.

 영화 '아바타'

홀로그램 기술의 원리는 간단하다. 물체에 레이저를 쏘아 반사되어 나오는 빛의 차이를 레이저가 필름에 기록한 뒤, 이 필름에 다시 레이저를 쏘면 반사된 빛들이 공중에 홀로그램으로 나타난다. 인간의 눈이 물체를 입체로 인식하는 원리가 빛의 반사 정도로 판단한다는 점을 고려할 때, 홀로그램은 눈으로 보는 그대로를 표시하는 셈이다.

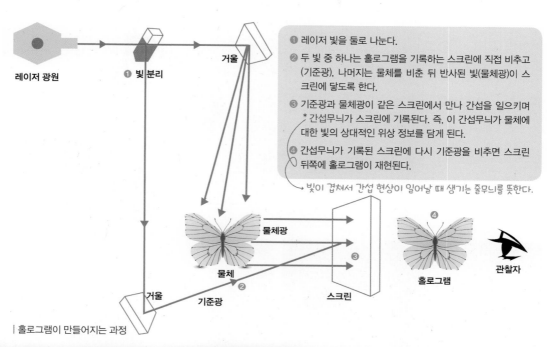

① 레이저 빛을 둘로 나눈다.
② 두 빛 중 하나는 홀로그램을 기록하는 스크린에 직접 비추고 (기준광), 나머지는 물체를 비춘 뒤 반사된 빛(물체광)이 스크린에 닿도록 한다.
③ 기준광과 물체광이 같은 스크린에서 만나 간섭을 일으키며 *간섭무늬가 스크린에 기록된다. 즉, 이 간섭무늬가 물체에 대한 빛의 상대적인 위상 정보를 담게 된다.
④ 간섭무늬가 기록된 스크린에 다시 기준광을 비추면 스크린 뒤쪽에 홀로그램이 재현된다.

↳ 빛이 겹쳐서 간섭 현상이 일어날 때 생기는 줄무늬를 뜻한다.

| 홀로그램이 만들어지는 과정

| 영화 '아이언맨'

질문이요 홀로그램과 홀로그래피는 어떻게 다를까?

홀로그래피는 두 개의 레이저광이 서로 만나 일으키는 빛의 간섭 효과를 이용하여 실제 물체처럼 보이는 3차원 영상 정보를 기록하는 기술이고, 이러한 홀로그래피 기술을 통해서 물체의 영상이 기록된 사진 필름 또는 재현된 영상을 홀로그램이라고 한다.

홀로그램의 활용은 인체와 기계의 정밀 진단에서부터 자연과 문화재의 입체 보존까지 응용 범위가 매우 넓다. 특히, 의료 분야에서는 X선이나 초음파를 이용하여 찍은 여러 장의 단층 사진에 홀로그램 기술을 활용하면 실제와 유사한 입체형으로 볼 수 있기 때문에 큰 도움이 된다.

또 건축·토목과 자동차 설계 분야에서는 컴퓨터에 기계와 건물의 여러 요소를 입력하여 여러 각도에서 본 대상물의 모습을 계산하는 방법으로 홀로그램 기술을 활용하고 있다. 홀로그램은 이외에도 미술 공예품, 건조물, 정원, 경관과 같은 역사적으로 중요한 문화재들을 문자·사진·도면·모형 등으로 간결하게 기록하는 데에도 쓰이고 있다.

| 건축 분야(상상도)

제작 발표회

의학 분야(상상도)

자동차 정비(상상도)

문화재 복원

| 홀로그램 기술의 사례

05 웨어러블 컴퓨터

우리의 일상에서 컴퓨터의 활용도가 커지면서 이제는 몸에 착용하는 웨어러블 컴퓨터에 대한 관심이 늘고 있다. '입는 컴퓨터'라는 뜻의 웨어러블 컴퓨터는 어디까지 발전할 수 있을까?

몇 해 전까지만 해도 휴대용 컴퓨터로 노트북이 인기를 끌었지만, 이제는 스마트폰과 태블릿 PC가 그 자리를 대신하고 있다. 더 나아가 최근에는 웨어러블 컴퓨터(wearable computer)가 주목을 받고 있다. 가방에 넣고 다니는 컴퓨터가 손으로 들고 다닐 정도로 크기가 작아졌다가, 이제는 몸에 걸치고 입는 컴퓨터로 기술이 발전하고 있다.

구글에서 개발한 스마트 안경 '구글 글라스', 애플이 발표한 손목형 컴퓨터 '애플워치', 그리고 구글에서 최근 소개한 '말하는 신발'도 웨어러블 컴퓨터에 포함된다. 이처럼 다양한 형태의 웨어러블 컴퓨터가 등장하는 것은 그만큼 우리 생활 속에 컴퓨터가 차지하는 비중이 커지고 있음을 의미한다.

| **구글의 '말하는 신발(talking shoe)'** 블루투스 기술을 통해 착용자의 스마트폰과 연결하여 각종 메시지를 전달하거나 착용자의 움직임 등을 체크한다.

웨어러블 컴퓨터

웨어러블 컴퓨터는 우리 몸에 입고, 쓰고, 차고,
신는 컴퓨터를 총칭한다.

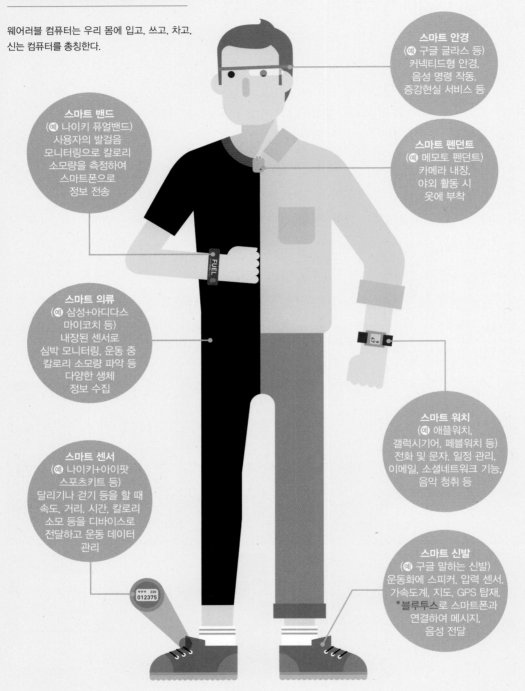

스마트 안경
(예 구글 글라스 등)
커넥티드형 안경,
음성 명령 작동,
증강현실 서비스 등

스마트 밴드
(예 나이키 퓨얼밴드)
사용자의 발걸음
모니터링으로 칼로리
소모량을 측정하여
스마트폰으로
정보 전송

스마트 펜던트
(예 메모토 펜던트)
카메라 내장,
야외 활동 시
옷에 부착

스마트 의류
(예 삼성+아디다스
마이코치 등)
내장된 센서로
심박 모니터링, 운동 중
칼로리 소모량 파악 등
다양한 생체
정보 수집

스마트 워치
(예 애플워치,
갤럭시기어, 페블워치 등)
전화 및 문자, 일정 관리,
이메일, 소셜네트워크 기능,
음악 청취 등

스마트 센서
(예 나이키+아이팟
스포츠키트 등)
달리기나 걷기 등을 할 때
속도, 거리, 시간, 칼로리
소모 등을 디바이스로
전달하고 운동 데이터
관리

스마트 신발
(예 구글 말하는 신발)
운동화에 스피커, 압력 센서,
가속도계, 지도, GPS 탑재,
*블루투스로 스마트폰과
연결하여 메시지,
음성 전달

---

* 블루투스 근거리 무선 통신 규격의 하나로, 2.45GHz의 주파수를 이용하여 반경 10~100m 범위 안에서 각종 전자 · 정보 통
신 기기를 무선으로 연결 · 제어하는 기술 규격이다.

스마트 워치

컴퓨터의 제조 기술은 '더 작고 가벼우면서 휴대하기 간편한 컴퓨터 개발'이라는 방향으로 발전해 왔다. 이런 기술의 발전은 2010년에 컴퓨터 시계 즉, '스마트 워치'를 탄생시켰다.

날이 갈수록 웨어러블 컴퓨터에 대한 관심이 높아지면서 스마트 워치는 시간만을 확인하는 용도에서 벗어나 전화를 걸고, 운동량을 체크하고, 이메일과 메시지를 전송하는 등 여러 가지의 기능을 수행하는 기기로 변화하고 있다.

초기에 개발된 스마트 워치 제품들은 계산·번역·게임 등의 단순한 기능만을 가지고 있었다. 그러나 최근에 출시되는 제품들은 모바일 앱을 구동하고, 어떤 것들은 모바일 운영체제로 작동한다. 스마트 워치는 카메라, 가속도계, 온도계, 고도계, 기압계, 나침반, *크로노그래프, 계산기, 휴대전화, 터치스크린, GPS, 지도 표시, *인포메이션 그래픽, 컴퓨터 스피커, 달력 기능, 손목시계, SD 카드 용량 장치 인식 기능과 재충전 배터리 등을 갖추고 있다. 더불어 방송 기능과 오디오·비디오 파일 재생도 가능하여 블루투스 기능을 통하여 멀티미디어 콘텐츠를 즐길 수 있을 만큼 기술이 발전하고 있다.

최근 개발되고 있는 스마트 워치는 스마트폰과 연결하여 스마트폰에서 사용하고 있

ThinkGen
앞으로 스마트 워치가 구현할 수 있는기능에 대해 생각해보자.

| PC나 스마트폰 등의 디스플레이가 사각형 형태이기 때문에 초창기 스마트 워치도 이를 따라 사각형이 대세였다. 그러나 최근에는 기능뿐만 아니라 패션이 함께 강조되면서 원형 디자인에 아날로그 시계의 감성적인 느낌까지 갖춘 제품들이 출시되고 있다.

---

*

크로노그래프 대체로 시각이나 시간 간격을 측정하는 것을 말하는 경우도 있으나, 특히 1초 이하의 시간 간격을 측정하는 것을 가리키는 경우가 많으며, 맥박을 재거나 운동 경기에서 사용하는 스톱워치를 포함한다.

인포메이션 그래픽(Information graphics) 인포그래픽(Infographics)이라고도 하며 정보, 자료 또는 지식을 시각적으로 표현하는 것을 뜻한다. 여기에는 차트, 지도, 다이어그램, 흐름도, 로고, 달력, 일러스트레이션, 텔레비전 프로그램 편성표 등이 있다.

는 통화, 메시지, 이메일, 리모콘, 채팅 등의 기능들을 스마트 워치로도 할 수 있도록 하는 데 중점을 두고 있다. 즉, 스마트폰을 꺼내지 않고도 이동하면서 언제든지 손목에 있는 시계만으로도 스마트폰의 기능을 그대로 사용할 수 있다.

| **연동형 스마트 워치** 스마트폰과 편리하게 연결되어 두 기기 간 동기화가 간편하다. 반드시 스마트폰과 블루투스로 연결되어야만 정상적으로 작동한다는 것이 단점이다.

| **단독형 스마트 워치** 외부 기기와 연결 없이 단독으로도 기능할 수 있게 무선 헤드셋, 마이크로폰, 통화/데이터용 모뎀, SIM 카드 슬롯 등의 자체 통신 기기를 가지고 있다. 그러나 스마트폰과 동기화가 되지 않거나 사용하기가 불편하다는 단점이 있다.

스마트 워치의 개발 기술은 계속 발전하고 있다. 그동안 등장한 스마트 워치는 스마트폰을 좀 더 쉽게 쓸 수 있도록 도와주는 역할에만 그치고 있을 뿐만 아니라 디바이스 환경이 사용자가 만족할 만큼 편리하지는 않은 경우가 많다. 그리고 적은 배터리 용량, 다양한 기능 탑재로 인한 시계의 부피 증가, 유행에 다소 뒤떨어진 디자인 등 해결해야 할 점들이 많다. 그렇지만 앞으로는 지금보다 더 다양한 기능을 갖추고 진정한 웨어러블 컴퓨터 역할을 하는 스마트 워치로 거듭날 것으로 예측된다. 특히, 스마트 워치는 몸에 부착하고 이동하는 제품이기 때문에 소형화가 매우 중요한 요소인데, 반도체의 소형화와 함께 발전하기 때문에 갈수록 작고 슬림해질 것으로 기대된다.

| 스마트 워치의 기본 화면(시계 모양 또는 앱 선택 화면)에서 터치, 쓸어 넘기기, 회전하기 등의 동작을 하거나 시계 버튼과 같은 조작부를 이용하여 원하는 애플리케이션을 자유자재로 불러 사용할 수 있다.

스마트 안경

스마트 안경은 사람의 눈으로 할 수 있는 일을 더욱 다양하게 만들어 주는 최첨단 웨어러블 컴퓨터이다.

2012년 4월경 구글에서 구글 글라스를 공개하며 스마트 안경에 대한 관심을 불러일으켰다. 다양한 공학 기술과 소프트웨어, 재료 공학, 디스플레이, 무선 네트워크 기술 등 IT 첨단 기술들이 융합되어 탄생한 구글 글라스는 일반적인 안경과는 완전히 달랐다.

스마트 안경에는 현재 스마트폰에 들어가 있는 첨단 기술들이 모두 들어 있다. 그중 대표적인 기술이 GPS 등 위치 추적 기술이다. 또한 음성 인식 기술도 들어 있어서 터치 조작 외에도 사람의 음성으로 안경을 조작할 수 있는 기능도 갖추고 있다. 이와 함께 와이파이 네트워크 연결이나 이동 통신 업체의 셀룰러 네트워크, 블루투스 연결, 사진 · 동영상 촬영 기능 등은 기본이다.

하지만 스마트 안경 기술의 발전으로 많은 제품이 개발되어 활용될 때 발생할 수 있는 일상 속의 프라이버시 침해나 몰래 카메라 등의 용도로 사용될 시 범죄 발생의 우려도 커서 이러한 문제점을 해결하기 위한 법과 제도가 정비되는 것이 중요하다.

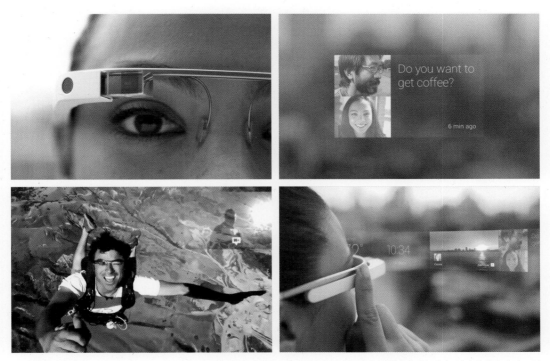

| **구글의 '구글 글라스'** 웹 서핑, SNS, 내비게이션, 사진 · 동영상 촬영, 음악 · 영화 감상은 물론 통화까지 가능하다. 심지어 사람의 말도 알아들으며, 안경을 착용한 사람이 보는 시선 그대로 동영상 촬영도 가능하다. 날씨, 메시지, 이메일 등도 확인할 수 있다.

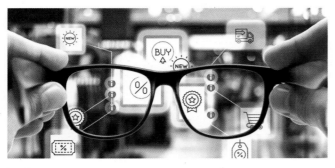
| 스마트 안경

스마트 안경을 사용할 경우 예상되는 가장 큰 문제점은 개인 정보 노출이다. 스마트 안경은 사용자의 위치, 자주 가는 곳, 만나는 사람, 검색 정보, 소음, 소리, 동작, 전파 세기, 습도 등 수집할 수 있는 모든 정보를 저장한다. 만약 사용자가 자주 가는 특정 상점과 식당이 있다면 수집된 정보를 바탕으로 사용자는 맞춤형 마케팅 정보를 제공받을 수 있을 것이다. 그러나 이러한 정보는 서비스를 제공받는 사람들에게는 유용하겠지만 이에 따른 개인 정보들이 다른 사람에게 유출될 경우 어떤 피해가 발생할지는 아무도 예측할 수 없다.

또한 상대방 몰래 스마트 안경에 달린 카메라로 사진이나 동영상을 촬영할 수도 있다는 점도 문제이다. 특히 스마트 안경은 사진이나 동영상을 촬영한 후, 즉시

ThinkGen
스마트 안경의 사용으로 인한 사생활 침해 문제로는 무엇이 있을까?

SNS(소셜 네트워크 서비스) 등에 올릴 수 있기 때문에 문제가 더욱 심각해질 수 있다.

안전 문제도 중요하다. 스마트 안경을 착용할 때 발생하는 전자파나 감전으로 인한 사고 발생 가능성이 높은데도 이에 대한 대책 마련이 아직은 미비하며, 비나 눈이 오는 등 날씨가 좋지 않을 때는 사용자의 시야를 방해하여 사고를 일으킬 위험성도 높으므로 착용에 주의를 기울여야 하는 등 여러 가지 안전성에 대한 대책 마련이 필요하다.

웨어러블 컴퓨터의 미래

많은 사람들이 웨어러블 컴퓨터를 본격적으로 사용하려면 다음과 같은 기능을 갖추어야 할 것이다.

첫째, 착용감이 자연스러워야 한다. 일상생활에서 시계나 안경을 자연스럽게 착용하듯이 스마트 워치나 안경도 반드시 가볍고 자연스러운 느낌을 주어야 한다. 현재 개발된 웨어러블 컴퓨터는 크기도 작고 휴대성도 편리한 편이다.

둘째, 사용자 인터페이스 측면에서 쉽게 조작할 수 있어야 한다. 웨어러블 컴퓨터를 몸에 착용했는데 사용법이 어렵다면 사람들이 구매를 꺼릴 것이다. 사람들이 쉽게 조작할 수 있도록 다양한 센서들을 이용하는 것이 필요하고, 음성이나 간단한 동작으로 조작할

수 있는 기술이 계속 개발되어야 한다. 쉬운 사용자 인터페이스를 위해서는 관련 애플리케이션 개발도 필요하다.

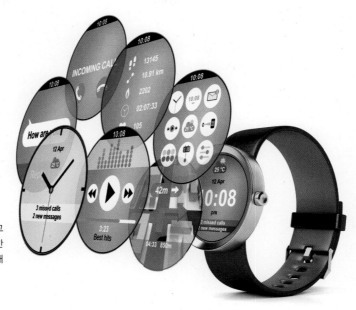

| 아무리 성능이 뛰어난 웨어러블 컴퓨터라고
해도 음성 인식, 검색, 건강 관리 등 다양한
애플리케이션의 지원이 없다면 기기를 제대
로 활용할 수 없을 것이다.

셋째, 언제 어디서나 웨어러블 컴퓨터를 자유롭게 사용하기 위해서는 무선 통신 기능을 갖추어야 한다. 웨어러블 컴퓨터로 각종 정보를 검색하고 수신하기 위해서는 무선 이동 통신 기술, NFC, 근거리 통신 기능과 같은 무선 통신 기능이 반드시 필요하다.

넷째, 성능이 뛰어난 배터리가 필요하다. 웨어러블 컴퓨터를 착용하고서도 오랫동안 충전 없이 사용할 수 있는 고용량의 배터리가 필요하며, 더불어 크기도 작고 가벼워야 한다.

웨어러블 컴퓨터는 전문가만의 전유물이 아니라 일반인도 누구나 쉽게 사용할 수 있는 기기로 발전해야 한다. 웨어러블 컴퓨터는 스마트폰과 태블릿 PC가 우리 일상생활에 가

ThinkGen
웨어러블 컴퓨터가 갖추어야 할 조건에는 어떤 것이 있을까?

져온 변화보다 더 많은 변화를 가져올 것이다. 다만 사용자 입장에서는 웨어러블 컴퓨터에 너무 의존하지 않고 잘 활용할 수 있는 지혜가 필요하다. 그리고 웨어러블 컴퓨터가 주는 편리함의 이면에 발생할지도 모를 개인의 사생활 침해 및 개인 정보 유출 등과 같은 부작용을 줄일 수 있는 법적·제도적 장치 마련과 함께 사회적인 환경 조성도 반드시 필요하다.

06 스마트 TV

　스마트 빌딩, 스마트 카, 스마트 카드, 스마트폰 등과 같이 보통 스마트라는 명칭을 사용하는 것은 기존 제품보다 성능이 더 업그레이드되고 기능이 뛰어난 경우를 뜻한다. 그렇다면 스마트 TV는 기존 TV와 비교하여 무엇이 다르고 앞으로 어떻게 발전할까?

　스마트 TV는 일반 TV와 스마트폰, 컴퓨터 등 3개의 화면을 자유롭게 오가면서 끊김 없이 데이터나 동영상을 볼 수 있는 기기이다. 스마트폰이 모바일 운영체제를 이용하여 컴퓨터에서 하는 다양한 작업을 할 수 있는 것처럼, 스마트 TV도 TV 본래의 기능에 컴퓨터의 기능을 합친 TV 운영체제와 중앙 처리 장치(CPU)를 가지고 있다. 따라서 TV를 통해서 홈쇼핑을 하고 인터넷 검색, 각종 프로그램(애플리케이션) 실행, 동영상 재생, VOD(Video On Demand, 주문형 비디오 시스템) 시청, SNS, 게임 등을 즐길 수 있다.

↳ 이용자가 원하는 영상, 음성, 정보 등을 원하는 시간대에 제공해 주는 시스템

| **스마트 TV 기능** 스마트 TV는 컴퓨터와 스마트폰, 그리고 TV의 장단점을 각각 보완하고 융합한 것이다. 컴퓨터와 통신망이 결합된 TV로 인터넷 TV 또는 커넥티드 TV라고도 한다.

　기존의 일반 TV는 방송국에서 내보내는 전파를 안테나를 통해 수신하는 단방향 방식이므로, TV 시청자는 방송국이 일방적으로 보내는 영상을 시청하고 소리를 들을 수밖에 없었다. 이후 등장한 케이블 TV와 IPTV는 현재 대부분의 가정에서 사용하고 있는 TV 방송 시스템으로, 가정마다 케이블과 초고속 인터넷 회선이 들어가게 되면서 쌍방향 방식의 TV가 보편화되었다. 이로 인해 시청자는 정규 방송뿐만 아니라 해당 방송 사업자가 제공

↳ 인터넷망을 통해 제공되는 다양한 TV 서비스

하는 동영상 콘텐츠나 각종 생활 정보, 게임 등의 정보를 시간에 구애받지 않고 아무 때나 이용할 수 있게 되었다.

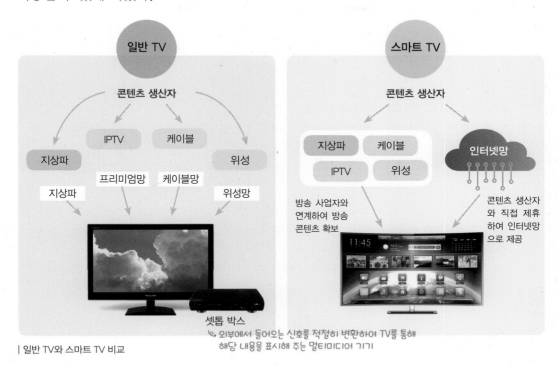

| 일반 TV와 스마트 TV 비교

TV는 계속 진화하여 무선 종합 정보 통신망으로 전원을 작동하여 스마트 TV, 스마트 폰, PC를 연결할 수 있을 것이다. 이뿐만 아니라 다양한 디지털 기기와도 서로 무선 종합 정보 통신망으로 연결하여 콘텐츠나 데이터를 주고받거나, 인터넷 공간의 TV용 앱 스토어에서 사용자가 원하는 다양한 콘텐츠를 다운받아 설치하여 자신만의 TV 화면을 구성하여 편리하게 사용할 수 있을 것이다.

스마트 TV의 보급은 교육, 의료, 정부, 인터넷 쇼핑, 은행, 환경 분야 등 우리 생활 전반에 많은 변화를 가져다 주고 있다. 하지만 스마트 TV가 가져다 주는 편리함 뒤에는 부작용도 따른다. 스마트 TV 중독에 따른 문제, 청소년 유해물 증가, 개인 정보 노출 증대로 인한 사생활 침해 등 발생할 수 있는 부작용들을 최소화하는 방향으로 기술 개발 및 제도적 보완책이 마련되어야 할 것이다.

ThinkGen
스마트 TV가 우리의 일상생활에 미칠 영향을 순기능과 역기능으로 나누어 설명할 수 있을까?

50인의 전문가 인터뷰를 통한 TV의 미래 전망 10가지

1 **채널은 사라질 것이다** Channels go away

개인의 즉각적인 요구에 의한 방송 스트리밍 서비스의 확대로 현재의 고정된 방송 채널 서비스
는 사라질 것이다.
↳ 인터넷상에서 음성이나 동영상 등을 실시간으로 재생하는 기술

2 **리모컨도 불필요해진다** Kiss the remote goodbye

음성 인식 기술, 동작 인식 기술과 더불어 다양한 스마트 디바이스가 점점 늘어나 리모컨의 용
도가 줄어들 것이다.
↳ 장치

3 **어디서나 무슨 일이든 해 주는 스크린** Screens do anything, anywhere

스마트폰, 휴대형 게임기, 태블릿 PC 등과 같은 디스플레이의 확산으로 향후 TV는 화면과 분리
된 형태로 바뀔 것이다.

4 **개인화되는 광고** Ads get personal

• 현재 방송 중인 프로그램에서도 실시간 돌려보기 기능 등이 가능해지면서, 프로그램 전후 또
  는 중간 광고의 효과가 줄어들 것이다.

• 연령별, 성별, 취향별, 시청 시간대 등을 고려하여 개인을 대상으로 한 맞춤형 광고가 확대될
  것이다.

5 **몰입해서 참여하는 TV 시청** Don't just watch-Get involved

게임이나 SNS 등을 통해 시청자들이 함께 참여하여 제작한 콘텐츠가 증가할 것이다.

6 가상으로 같이 보는 TV Watch together, virtually

SNS와 홀로그램 등의 기술 발달로 다수의 사람들이 콘텐츠를 공유하는 일이 증가할 것이다.

7 실제와 구별되지 않는 TV Is it real, or is it TV?

3D 기술과 사람의 감각 기관 등을 활용하여 실감 나는 TV가 현실화될 것이다.

8 항상 곁에 있는 TV Your TV follows you

단말기, 방송망, 시간대에 상관없이 언제든지 원하는 콘텐츠를 볼 수 있게 될 것이다.

9 누구나 영화를 제작하는 시대 "Regular Joes" go Hollywood

영화와 같은 고급 영상 콘텐츠를 누구나 쉽게 창작할 수 있는 환경이 조성될 것이다.

10 시청자 참여 프로그램 제작 Creation goes viral

시청자들의 다양한 아이디어를 활용한 방송 콘텐츠 제작이 증가할 것이다.

〈출처〉 "The Future of Television", Cisco, 2011

07 모바일 헬스케어

    스마트폰은 사람의 수면 상태나 일상생활에서의 활동량을 수시로 체크하는 등 건강을 관리하는 데에도 도움을 주고 있는데, 이와 같은 서비스를 모바일 헬스케어라고 한다. 모바일 헬스케어 서비스는 현재 어떻게 발전하고 있을까?

    모바일 헬스케어 서비스는 불과 몇 년 전만 해도 SF 영화에서나 등장했던 상상 속의 일이었으나, 이제 현실에서 실제로 구현되고 있는 기술이다. 특히 스마트폰이 모바일 헬스케어의 중심이 되면서부터 기술의 발전 속도도 빨라지고 있다.

    우리에게 일상의 친구이자 조력자인 스마트폰은 현재 병원 예약, 각종 질병 정보 검색, 일상생활에서의 바른 생활 자세까지도 안내해 주는 건강 도우미 역할을 하고 있다.

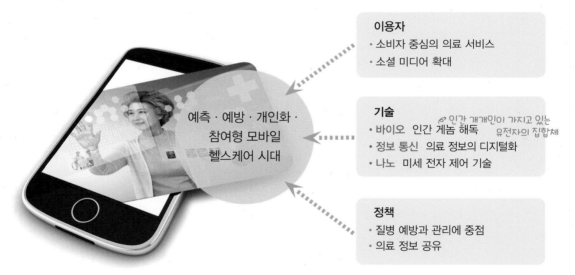

예측 · 예방 · 개인화 · 참여형 모바일 헬스케어 시대

이용자
- 소비자 중심의 의료 서비스
- 소셜 미디어 확대

기술
- 바이오 인간 게놈 해독   🔍 인간 개개인이 가지고 있는 유전자의 집합체
- 정보 통신 의료 정보의 디지털화
- 나노 미세 전자 제어 기술

정책
- 질병 예방과 관리에 중점
- 의료 정보 공유

| **확산되고 있는 모바일 헬스케어** 넓은 의미의 모바일 헬스케어는 모바일 기기와 병원이 연결되어 환자와 의사가 시간과 공간, 장소 등에 구애받지 않고 자유롭게 의료 서비스를 주고받을 수 있는 것을 뜻한다.

    초기의 모바일 헬스케어 기기는 군사용으로 제작되다 보니 착용하기가 무겁고 디자인도 조악할뿐더러, 실제로 사용할 만한 기능도 몇 개 되지 않는 등 여러 가지 면에서 실패한 작품이었다. 그러나 최근 배터리를 비롯하여 기기의 몸체를 가볍게 하고, 혁신적인 디자인과 함께 사용성이 높은 각종 기능들을 추가하는 등 개선된 제품이 개발되면서 관련

산업도 함께 발전하고 있다.

빠르게 발전하고 있는 모바일 헬스케어 분야의 중심에는 건강 관리 서비스가 있다. 즉, 스마트 기기에 관심이 많은 소비자들이 중심이 되어 스마트 기기와 센서 기술을 이용하여 일상생활에서 생성되는 생활 데이터(식사량, 혈압, 운동량, 수면 상태)들을 수치화하고 이를 통해 건강을 관리하는 형태가 주를 이루고 있다. 이렇게 일상생활에서 연속적으로 생성되는 생활 데이터는 사람들의 생활 습관이나 건강 정보 등을 대량으로 담고 있어서 헬스케어 분야의 *빅 데이터로서 유용한 정보가 되고 있다.

| **모바일 헬스케어 기기와 스마트폰 연동** 2010년대 들어 스마트폰의 활성화로 사물들 간의 인터넷 연결이 가능해지면서 모바일 헬스케어 디바이스도 스마트폰과 연동되는 형태로 발전하고 있다.

모바일 헬스케어 기술의 발전은 우리 생활에 많은 편리함을 가져오겠지만, 부정적인 부분이 발생할 가능성도 배제할 수 없다. 모바일 헬스케어 기기의 사용이

ThinkGen
모바일 헬스케어가 올바로 발전하기 위해 우리가 힘써야 할 것은 무엇일까?

증가할수록 그 과정에서 만들어지는 개인 정보의 보안 문제와 사생활 침해 문제 등은 모바일 헬스케어 발전의 장애 요인으로 대두될 가능성이 크다. 따라서 이런 부작용을 최소화하려면 개인 정보 보호의 규제 강화 등이 추진되어야 한다.

또한 모바일 헬스케어 기기를 사용하는 과정에서 발생할 수 있는 안정성과 관련된 부분에서 새로운 기준안을 마련할 필요가 있다. 관련 앱의 기능이 사용자를 위협하거나 안전에 영향을 미치는 경우 건강상에 심각한 부정적인 결과를 초래할 수도 있으므로 관련 기준을 개발하는 것에 대한 제시도 필요하다.

---

* ─────────

빅 데이터 디지털 환경에서 생성되는 데이터(숫자, 문자, 영상 등)로, 기존의 관리 방법이나 분석 체계로는 처리하기 힘든 엄청난 양의 데이터를 뜻한다.

모바일 헬스케어
관련 주요 제품

휴대형

| 스마트 밴드 칼로리 소모량, 섭취량, 영양 성분, 심박동수, 이동 거리, 수면 측정 등이 가능

| 스마트 의류 심박동수 및 발한 정도 측정, 심전도, 호흡, 운동량 측정 등이 가능

| 스마트 안경 수술 과정 녹화, 생체 신호 모니터링, 진료 기록 공유, 원격 자문, 환자 및 의료진 교육 등이 가능

부착형

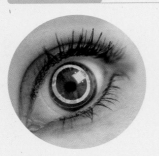

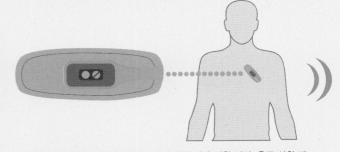

| 스마트 렌즈 안압 및 혈당 측정 등

| 스마트 패치 심전도, 심박동수 모니터링, 심장 질환 진단, 응급 상황 발생 시 의료진 데이터 전송

이식 · 복용형

| 스마트 약
알약 약물 복용 여부 확인, 약물 전달
이식 칩 혈압 모니터링, 응급 상황 발생 시 알람 및 의료진 데이터 전송

O8 3D 프린터

　최근 들어 활자나 그림을 평면에 인쇄하는 2D 프린터와는 달리 입력한 도면을 바탕으로 손으로 만질 수 있는 3차원의 물체를 만들어 주는 3D 프린터 시대가 열렸다. 마치 마술과 같이 느껴지는 3D 프린터는 어떤 원리로 작동하며, 어디에서 사용하는 것일까?

　몇 년 전까지만 해도 3D 프린터는 관련 전문가들만의 전유물이었다. 그러나 최근에는 3D 프린터의 활용 분야가 산업 전반으로 확대되면서 일반 사용자들도 증가하고 있으며, 구매 비용도 낮아지고 있다.

　3D 프린팅의 시작은 1980년대부터다. 1980년대 후반 들어 처음으로 상용 3D 프린터가 등장하였는데, 당시의 용도는 주로 본격적인 제품 개발에 앞서 테스트용 시제품을 제작하는 것이었다. 3D 프린팅 이전에는 시제품을 만들려면 여러 단계별로 많은 수정 작업을 거쳐야 했다. 하지만 이제는 디자인만 있으면 3D 프린터를 통해 바로 시제품을 만들 수 있고 수정 작업 과정 또한 아주 간편하게 이루어지고 있다.

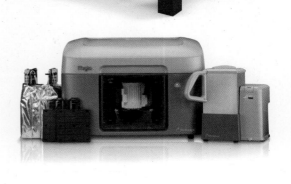

| **다양한 형태의 3D 프린터** 　최근 저가 3D 프린팅 기기가 도입되면서 대학이나 연구소 등 다양한 곳에서 물품을 만들기 시작했다. 또한 일상생활에 초점을 맞춘 다양한 완구나 주방용품, 액세서리 등에도 3D 프린터가 활용되고 있다.

CAD(Computer Aided Design, 컴퓨터 지원 설계)와 같은 모델링 소프트웨어로 3차원 설계도를 제

^기계, 건축, 전기 등 다양한 분야의 설계에서 컴퓨터를 이용하여 도면 등을 작성하는 것

작하여 3D 프린터로 전송하면, 3D 프린터는 자체적으로 가지고 있는 금속 · 플라스틱 · 고무 등의 재료를 이용하여 설계도에 맞게 겹겹이 쌓아 올리거나 깎아 입체감 있는 물체를 만들어 낸다.

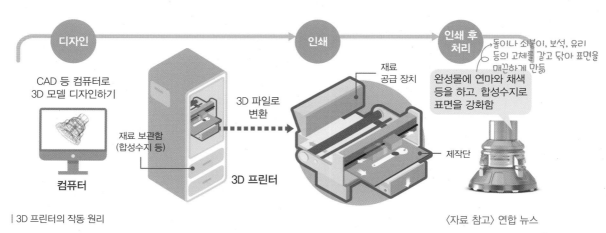

| 3D 프린터의 작동 원리

〈자료 참고〉 연합 뉴스

현재 3D 프린터의 재료로 가장 많이 쓰이고 있는 것은 가격이 아주 저렴한 플라스틱이다. 플라스틱을 3D 프린터에서 사용할 수 있도록 실 형태로 만들어놓은 것을 필라멘트(filament)라고 하는데, 1kg의 ABS 플라스틱 필라멘트 한 롤의 최저가는 17,600원 정도이다. 이 정도의 플라스틱이면 체스에서 사용하는 말을 300여 개 만들 수 있을 정도로 그 가격이 매우 저렴하다. 이 밖에도 산업용 프린터에서는 티타늄, 알루미늄, 나일론, 세라믹, 금, 은 등의 재료를 사용하여 다양한 제품을 만들고 있다.

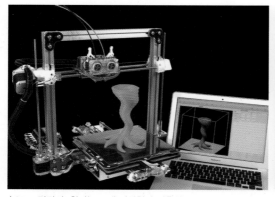
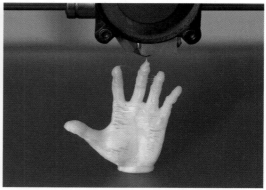

| 3D 프린팅의 원리는 크게 절삭형과 적층형으로 나눌 수 있다. 절삭형은 큰 덩어리를 조각하듯 깎는 것이고, 적층형은 층층이 쌓아올리는 것인데, 요즘 나오는 3D 프린터는 대부분 첨가식 가공 원리를 사용하는 적층형이다. 절삭형은 여분을 깎아 내는 것이기 때문에 손실되는 재료가 있는 반면, 적층형은 여분 재료의 손실이 없다는 것이 큰 장점이다.

3D 프린터는 산업 현장에서 시제품을 생산하는 용도를 시작으로 이제는 시계, 신발, 각종 의료 기기, 항공기 및 자동차 부속품까지 생산할 수 있는 수준으로 발전하였다. 아디다스에서는 3D 프린터를 이용한 결과 12명의 기술자가 투입되어 수작업으로 4~6주 걸리던 시제품 제작 과정이 1~2일로 줄었다고 한다. 이탈리아 자동차 업체 람보르기니도 3D 프린터를 이용하여 스포츠카 시제품을 만들면서 제작 기간을 4달에서 20일, 비용은 4만 달러에서 3,000달러 수준까지 낮췄다고 한다.

| 3D 프린팅을 이용하여 생산성을 높인 람보르기니의 스포츠카

| **아디다스의 'FutureCraft 3D'** 아디다스는 최근 3D 프린팅 기술을 이용한 사용자 맞춤형 운동화를 개발하겠다는 계획을 밝혔다.

3D 프린터 시장은 매년 급속한 성장을 하고 있는데, 세계적인 컨설팅 업체 맥킨지의 2013 글로벌 보고서에는 '2025년에는 글로벌 3D 프린터 산업이 4조 달러의 시장을 형성할 것'이라고 전망했다.

앞으로 3D 프린터의 가능성은 무궁무진한데, 설계도만 있으면 액체형 원료를 분사하여 어떠한 모양도 인쇄할 수 있기 때문에, 특히 의료 분야에서 빛을 발할 것으로 예측된다. 최근 세계 각국에서는 3D 프린팅 기술을 이용하여 사람에게 이식할 수 있는 인공 귀와 인공 혈관을 만드는 데 성공했다. 또한 3D 프린터로 인간 배아줄기세포를 복사하는 실험도 성공했다. 3D 프린터로 만든 장기는 모양이 자연스럽고 제작이 빠를 뿐만 아니라 환자 자신의 세포를 사용함으로써 면역 거부 반응도 적다. 전문가들은 3D 프린팅 기술이 더욱 발전하면 피부와 인공 관절, 심장 등을 만들 수 있을 것으로 전망한다. 이외에도 인공 턱뼈를 만들거나 자신의 귀에 꼭 맞는 보청기를 제작하는 등 의료 분야에서 개인에게 꼭 맞는 제품을 보다 저렴하고 빠른 시간에 만들 수 있다는 점에서 3D 프린터의 발전 가능성은 매우 높다.

3D 프린터는 우주에서도 큰 역할을 할 것으로 기대된다. 현재 우주에서 사용되는 모든 장비는 지상에서 제작한 뒤 우주로 실어 나르고 있는데, 앞으로 우주 정거장이나 우주선에 3D 프린터를 설치한다면 즉석에서 장비들을 만들어 활용할 수 있을 것이다. 현재 미항공우주국 NASA에서는 ISS(국제 우주 정거장)에 3D 프린터를 설치하기 위한 연구를 수행하고 있는데, 머지않아 30% 정도의 부품을 우주에서 직접 만들어 활용할 것으로 예측되고 있다.

3D 프린팅 기술이 완성되면 제조업 분야에서 근본적인 혁명이 일어날 것이다. 그러나 아직은 프린터가 작동할 때 발생하는 고열, 비용 문제, 지식 재산권 분쟁과 같은 문제가 있기 때문에 무작정 3D 프린터의 미래를 밝게 전망할 수만은 없다.

또한 최근 미국에서는 3D 프린터로 권총을 만들어 시험 발사에 성공한 사례가 있는데, 이로 인해 3D 프린터가 범죄에 이용될 가능성이 제기되고 있다. 이런 무기 제작뿐 아니라 범죄자들이 각종 문화재나 예술품의 도면을 해킹하여 모조품을 만들 수도 있을 것이다. 따라서 3D 프린터 기술의 발전에 앞서 이러한 법적·윤리적 문제를 어떻게 해결할 것인

아하 그렇구나

3D 바이오 프린팅
3D 프린팅이 사람의 장기 등을 만드는 바이오 산업이나 재생의학과 같이 특화된 부분으로 발전하여 인간의 삶의 수준을 한층 높일 날도 머지않았다.

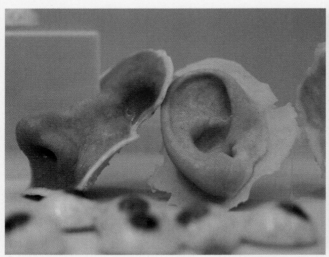

| **보형물 프린팅** 영국에서는 불의의 사고로 손상된 신체 부위를 대체할 수 있는 보형물을 3D 프린터로 제작하는 데 성공했다. 손으로 제작하는 것보다 기간은 10주에서 이틀로, 비용은 700만 원에서 20만 원 수준으로 낮췄다고 한다.
〈출처〉 블룸버그(Bloomberg) 통신, 2013

| **의족/의수 프린팅** 최근 3D 프린터를 활용하여 사람의 팔이나 다리를 제작하는 일이 늘어나고 있다. 사진은 왼손 손가락이 없이 태어난 12살 소년을 위해 아버지가 학교에 있는 2,500달러짜리 3D 프린터를 이용하여 제작한 의수로서, 재료비는 약 10달러 정도였다고 한다.
〈출처〉 CBS 뉴스, 2013

지에 대한 대비책이 반드시 필요하다.

그렇지만 어디서나 누구나 1인 제조 공장을 차릴 수 있는 새로운 산업 혁명의 물결인 3D 프린터가 미래 우리 인류 사회를 급속하게 변화시킬 원동력이 될 것임은 확실하다.

질문이요 3D 프린팅의 진화는 어디까지일까?

고체나 액체, 가루로 된 재료를 사용하여 입체형 물체를 프린트하는 3D 프린팅은 날로 진화하여 앞으로는 형상이 변하는 소재를 사용하는 4D(4차원) 프린팅 시대가 열릴 것이다. 4D 프린팅은 온도나 빛·물 등의 요인에 따라 물체가 변형되는 것을 프린트하는 것을 뜻한다.

현재 4D 프린팅은 외국 공공 분야나 대학 등에서 시도하는 단계이지만, 조만간 의료 기기와 자동차 부품 등 다양한 분야에서 활용할 수 있는 날이 올 것이다.

국내 한국과학기술연구원(KIST)에서는 특수 플라스틱 소재를 이용하여 흰 꽃에 자외선(UV)을 쬐면 보라색으로 변했다가 천을 덮으면 다시 흰색으로 되돌아오는 기술을 개발했는데, 이것은 실내외 디스플레이나 개인 액세서리에 모두 활용할 수 있을 것으로 전망된다.

| **장기(organ) 프린팅** 2011년 안소니 아탈라(Anthony Atala) 박사는 *TED를 통해 3D 프린터로 사람의 장기인 신장을 프린팅하는 방법을 소개했다. 환자의 CT 스캔 정보를 기초로, 조직 세포를 재료로 하여 만들어 낸 것이다.

*────────
TED(Technology, Entertainment, Design) 미국의 비영리 재단에서 정기 운영하는 강연회로 기술, 오락, 디자인 등과 관련된 강의를 다룬다.

오늘날 나노 기술은 정보 기술과 생명 공학에 뒤이어 21세기를 이끌어 갈 첨단 기술로 칭송받고 있다. 나노 기술의 유용성에 찬성하는 사람들은 나노 기술이 유비쿼터스 컴퓨팅, 질병 치료, 청정 에너지 개발 등을 통해 앞으로 우리 삶의 질과 환경을 혁명적으로 변화시킬 것으로 내다보고 있다. 이미 나노 기술은 반도체 칩, 가전제품, 화장품, 의류 등 주위에서 흔히 찾아볼 수 있는 수많은 제품들을 만드는 데 사용되고 있다.

그러나 나노 기술의 장밋빛 청사진 뒤에는 어두운 그림자가 드리워져 있다. 국내에는 거의 알려져 있지 않지만, 외국에서는 나노 기술을 둘러싼 논쟁이 이미 수 년 전부터 제기되어 왔다. 수많은 나노 기술의 응용 분야들 중 특히 문제가 되었던 것은 이미 다수의 소비자 제품들에 쓰이고 있는 나노 입자로 만든 제품들이었다.

나노 물질이 가지고 있는 잠재적 영향에 대한 많은 연구 결과들이 나와 있다. 2003년 미국 로체스터 대학에서는 나노 입자가 호흡기를 통해 뇌로 침투할 수 있다는 것을 밝혀냈고, 캐나다에서는 폐암을 유발할 수 있음을 증명했다. 탄소 나노 튜브의 경우도 굉장히 해롭다는 것에서부터 굉장히 이롭다는 연구 결과까지 극과 극의 다양한 결과가 나와 있다. 어느 것 하나 정확히 증명해 내는 것은 매우 어려운 일이다. 그러나 한 가지 확실한 것은 잠재적 위험이 있다는 것이다. 그러나 그것을 근거로 이용을 중단하는 것은 불가능하다. 현실적으로 그것을 잘 규제하는 법을 만드는 것이 중요할 것이다.

1 단계 최첨단 기술 중 하나인 나노 기술의 양면성에 대하여 마인드맵을 그려 보자.

 2 단계 나노 기술은 우리 인류에게 축복인가, 재앙인가? 자신의 생각을 간단히 써 보자.

_____

_____

_____

_____

_____

_____

컴퓨터와 인터넷 등 정보 통신 기술의 발전은 우리의 삶에 편리함을 가져다주었지만, 그 이면에
는 부작용도 많이 발생하고 있습니다.

제4부에서는 사물 인터넷(IoT), 빅 데이터 등과 같이 최근 정보 통신 기술의 발전 과정에서 등장하
는 핵심 요소들을 살펴보고, 이에 따라 발생하는 해킹 · 컴퓨터 바이러스 · 지식 재산권과 같은 문제
점들을 살펴보겠습니다.

진화하는
정보 통신 기술과
정보 윤리

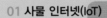

01 사물 인터넷(IoT)

사물 인터넷(IoT; Internet of Things)은 지하철과 고층 빌딩에서는 물론 사물의 깊숙한 곳까지 인터넷을 통해 정보를 주고받는 시대가 되면서 생긴 새로운 용어이다. 사물 인터넷이란 무엇이며 현재 어떻게 발전하고 있을까?

"나의 기상 정보가 집안의 모든 사물들에 전달되며 하루가 시작된다. 이때부터 유리창은 알아서 커튼을 열고, 토스트기는 빵을 굽기 시작하며, TV는 간밤의 뉴스들을 보여 주기 시작한다. 내가 손목에 차고 있는 스마트 밴드는 간밤의 수면 상태와 혈압 등의 정보로 건강 상태를 체크한 결과를 스마트 TV 화면으로 보여 주고, 출근길에 나서면 무인 자동차는 자동 주행 모드로 전환되어 스스로 목적지까지 운전하여 이동한 후 주차장에서도 빈자리를 찾아내어 스스로 주차한다."

이런 영화 같은 일들을 가능하게 해 주는 것이 바로 사물 인터넷이다. 즉, 사물 인터넷은 IT 기술을 기반으로 세상의 모든 사물을 인터넷으로 연결하여 사람과 사물, 사물과 사물 간 정보를 교환하고 상호 소통하는 것을 뜻한다.

| **사물 인터넷** 냉장고, TV, 세탁기, 자동차, 커피 머신 등 각종 사물에 통신과 센서 기능을 장착하여 인터넷에 연결하는 기술로, 기기 스스로 필요한 데이터를 주고받은 후 그에 맞는 일을 알아서 처리할 수 있도록 한다.

사물 인터넷이라는 용어는 1999년 미국 매사추세츠 공과대학의 캐빈 애시튼 교수가 처음 사용하였다. 최근 와이파이와 LTE를 비롯한 통신 네트워크 기술과 각종 센서 기술의 발달, 모바일 기기의 소형화 및 성능 향상과 더불어 사물 인터넷 관련 기술의 발전은 빠른 속도로 진행되고 있다.

사례1 사물 인터넷 기술을 적용한 운동복

2014년 프랑스의 시티즌 사이언스(Citizen Science) 사는 사물 인터넷 기술을 적용한 운동복을 전시회에서 발표했다. 이 운동복은 겉모습은 일반 운동복처럼 보이지만, 실제로는 무게가 가볍고 작은 센서들이 달려 있어서 착용한 사람의 심장 박동수와 달리는 속도 등을 측정해 주거나 몸 상태를 실시간으로 확인할 수 있다. 또한 GPS 기능으로 현재 위치 등을 파악하여 스마트폰으로 전송할 수도 있다.

사례2 사물 인터넷 기술이 활용된 자동차 '이보스'

미국의 포드 사는 거의 모든 부품이 인터넷으로 연결된 자동차 '이보스'를 개발했다. 에어백이 터지면 센서가 중앙 관제 센터로 신호를 보내고, 센터에 연결된 클라우드 시스템에서는 그동안 발생했던 수천만 건의 에어백 사고 유형을 분석한다. 범퍼 파손 여부, 비슷한 사고 조회, 해당 지역 도로와 날씨 파악, 사고가 날 만한 특이 사항 등의 데이터를 분석하여 사고라고 판단되면 가까운 곳에 위치한 경찰서와 병원에 연락하여 사고 수습과 구급차 출동 명령까지 전송한다.

사례3 몸에 센서가 이식된 소

네덜란드의 스파크드 사는 소의 몸에 센서를 이식하여 소의 움직임과 건강 상태를 파악한 데이터를 실시간으로 전송해 주는 기술을 개발하였다. 축산업자들은 이 기술의 영향으로 더 많은 소를 건강하게 키울 수 있게 되었다.

사례4 국내 통신사의 '스마트 팜' 서비스

제주도 서귀포와 경북 성주 등에서는 스마트폰을 이용하여 비닐하우스 내부의 온도와 습도, 급수와 배수, 사료 공급 등을 원격으로 측정 분석하고 제어하는 지능형 비닐하우스를 이용하고 있는데, 우리나라에서는 이러한 사물 인터넷 기술이 주로 통신 회사를 중심으로 개발되고 있다.

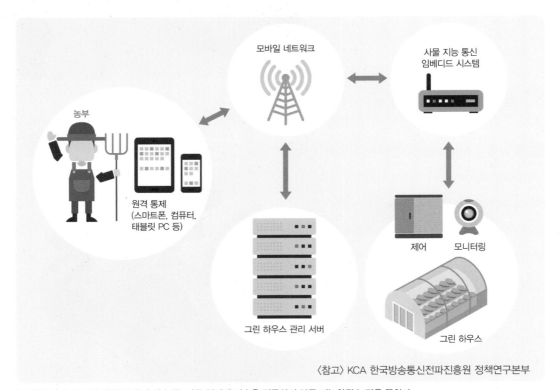

〈참고〉KCA 한국방송통신전파진흥원 정책연구본부

| **스마트 팜** 농사 기술에 정보 통신 기술 즉, 사물 인터넷 기술을 접목하여 만든 지능화된 농장을 뜻한다.

이외에도 미국의 월트디즈니 사에서는 미키마우스 인형의 눈·코·팔·배 등 몸 곳곳에 적외선 센서와 스피커를 탑재하여 디즈니랜드의 각종 정보를 수집한 후, 관람객에게 각종 놀이 기구의 정보 등을 실시간으로 알려 주는 서비스를 하고 있다.

또한 스마트폰을 활용하여 집 안의 방범 시스템과 전력량을 제어하고 검침하는 등의 사물 인터넷 서비스도 진행 중에 있다. 그 밖에 버스 도착 시간을 알려 주는 교통 안내 서비스, 스마트 시계로 자동차의 시동을 걸고 차 안 온도를 조절하는 기술 등도 사물 인터넷 기술이 활용된 사례이다.

사물 인터넷(IoT)과 5G의 확산으로 데이터 규모와 네트워킹 소요가 증가하면서 효율적인 데이터 처리 방법의 필요성이 증가하고 있다. IoT Analytics에 따르면, 전 세계 사물 인터넷(IoT) 장치는 2025년까지 309억 대로 예상되며, 2021년의 138억 대보다 2배 이상 늘어날 전망이다. 사물 인터넷 기술이 발전하면 센서 기술, 네트워크 인프라, 데이터 전송 등 관련 기술이나 서비스도 함께 발전할 것이다.

질문이요 사물 인터넷 기술에서 가장 핵심 기술은 무엇일까?

사물 인터넷 기술이 정상적으로 작동하기 위해서는 센서 기술, 공통 언어(프로토콜, 통신 규약), 인터페이스 기술이 필수적이다. 센서 기술은 사물 간에 소통이 이루어지기 위해 반드시 필요하다. 또한 사물 간에 자유로운 의사소통이 이루어지려면 공통 언어가 필요하다. 그리고 사물 간에 유·무선 통신이 가능한 인터페이스 기술도 필수적이다.

아하 그렇구나

버스 도착 안내 시스템의 원리는?

몇 년 전부터 GPS 위치 감지 기술과 이동 통신망을 활용하여, 사람들이 이용할 버스 위치를 확인한 후 버스 운행을 관리하는 버스 운행 관리 시스템과 연계하여 앞으로 도착할 차량 번호와 예정 시간 등의 운행 정보를 실시간으로 각 정류장에 세워진 단말기 및 포털 사이트, 스마트폰 안내 앱 등에 제공하고 있다. 이때 사물 간 데이터는 사람이 아닌 기기 간에 주고받고 있는 것이다.

| 버스 안내 어플(앱)　　| 버스 정류장 단말기

앞으로 사물 인터넷의 활용 범위는 우리 생활 전 영역으로 확대되어 우리의 삶을 더욱 편리하게 해 줄 것으로 예측된다. 그러나 사물 인터넷 기술을 더욱 안전하게 사용하기 위해서는 발생할 수 있는 몇 가지 문제점을 해결해야 한다.

첫째, 표준화 문제이다. 현재 사물 인터넷 기술 관련 연구가 세계적으로 활발하게 진행되고 있지만, 아직 관련 기술에 대한 표준화는 이루어지지 않고 있다. 따라서 사물 인터넷 기술의 효율을 높이고 보다 안정적으로 사용하기 위해서는 관련 기술의 표준화가 빨리 이루어져야 하겠다.

둘째, 센서가 소모하는 에너지 문제를 해결해야 한다. 사물 인터넷 기술에 활용되는 대부분의 센서는 전기를 사용한다. 따라서 사물 인터넷에 사용되는 센서의 양이 증가할수록 센서에 사용되는 에너지의 양도 증가하는 문제를 해결해야 한다.

셋째, 보안 문제가 심각해질 가능성이 크므로 이에 대한 대책을 세워야 한다. 최근 미국에서는 수십만 건의 *피싱(phising)과 스팸 메일이 TV와 냉장고 등을 통해 발송된 사건이 있었다. 해커들이 인터넷과 연결된 가전제품들을 피싱과 스팸 메일의 발생지로 만든 것이다. 모든 사용자들이 안심하고 사물 인터넷을 사용할 수 있도록 보안성이 높은 환경을 만드는 것은 매우 중요하다. 정보는 최소한으로 수집하고, 사물 인터넷 기기의 데이터를 수집하는 네트워크와 저장 장치에 해커의 공격을 막을 수 있는 보안 시스템이 구축되어야 한다.

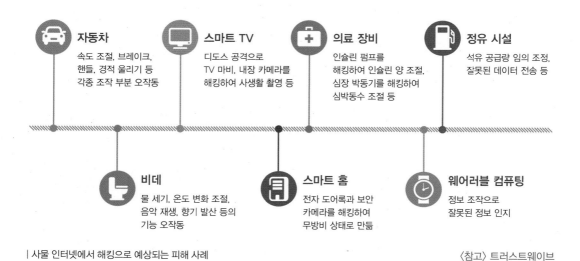

| 사물 인터넷에서 해킹으로 예상되는 피해 사례   〈참고〉 트러스트웨이브

*
피싱(phising) 개인 정보(private data)와 낚시(fishing)의 합성어로, 개인 정보를 낚는다는 의미를 가지고 있다. 피싱은 불특정 다수에게 메일을 발송하여 위장된 홈페이지로 접속하게 한 뒤 인터넷 이용자들의 금융 정보 등을 빼내는 사기 수법이다.

구글은 2010년부터 무인 자동차 기술 개발을 시작하여 현재 20만 마일을 달리는 시험 운전을 거쳤다. 구글의 무인 자동차 시험 운전에는 무사고 운전자와 구글 엔지니어가 탑승했고, 구글의 스트리트 뷰(street view) 기술과 구글 서버와의 교신을 통해 차량 운행이 진행되었다.

달릴수록 똑똑해지는 무인 자동차

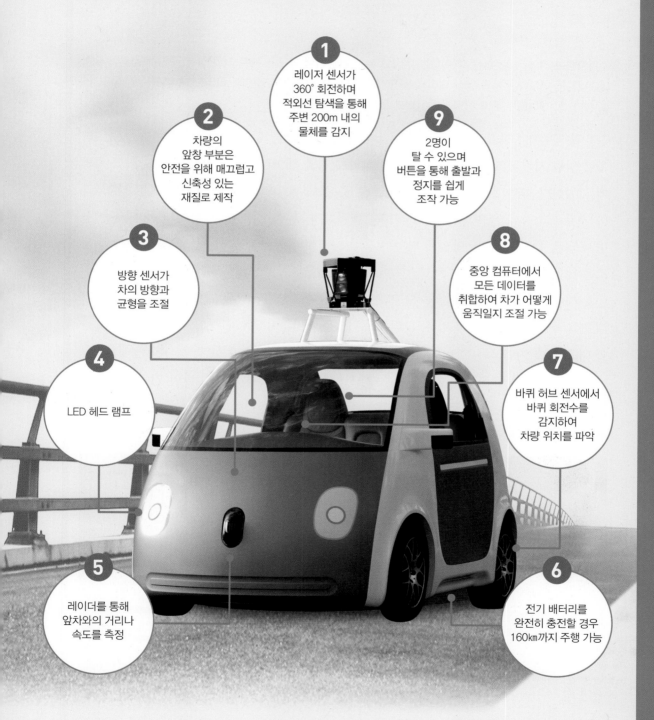

1 레이저 센서가 360° 회전하며 적외선 탐색을 통해 주변 200m 내의 물체를 감지

2 차량의 앞창 부분은 안전을 위해 매끄럽고 신축성 있는 재질로 제작

3 방향 센서가 차의 방향과 균형을 조절

4 LED 헤드 램프

5 레이더를 통해 앞차와의 거리나 속도를 측정

6 전기 배터리를 완전히 충전할 경우 160km까지 주행 가능

7 바퀴 허브 센서에서 바퀴 회전수를 감지하여 차량 위치를 파악

8 중앙 컴퓨터에서 모든 데이터를 취합하여 차가 어떻게 움직일지 조절 가능

9 2명이 탈 수 있으며 버튼을 통해 출발과 정지를 쉽게 조작 가능

02 빅 데이터

디지털 환경에서 생성되는 데이터는 아날로그 환경에 비해 규모가 매우 크고 생성 주기가 짧으며 수치 데이터뿐만 아니라 문자와 영상 데이터까지도 포함하는 등 형태가 다양한데, 이러한 데이터를 빅 데이터라고 한다. 빅 데이터는 현재 어떻게 활용되고 있으며 부작용은 없을까?

우리가 휴대전화를 통해 통화를 하거나 정보 검색 등을 할 때, 휴대전화는 가장 가까운 곳에 있는 기지국과 계속 신호를 주고받으면서 각종 데이터를 실시간으로 통신 회사 서버에 기록한다. 페이스북이나 트위터와 같은 SNS(소셜 네트워크 서비스)에 로그인하거나 블로그나 커뮤니티 등에 글을 남길 때도 새로운 데이터가 생겨난다. 친구들과 즐거운 여행을 하면서 찍은 풍경 사진들, 맛있게 먹었던 음식 사진이나 동영상을 친구들과 공유할 때도 새로운 데이터가 만들어진다.

전 세계 수많은 사람들이 사용하고 있는 페이스북은 약 20억 개의 계정을 관리하고, 350억 개 정도의 사진을 저장하고 있다. 그리고 트위터는 매일같이 5억 개 정도의 새로운 트윗을 쏟아 내고 있고, ~~자신의 생각을 140자 이내로 글을 써서 트위터에 올리는 것~~ 카카오톡의 하루 평균 메세지 개수는 110억 개를 넘어섰다.

이렇듯 우리가 SNS를 통해 주고받는 메시지, 사진, 영상 등을 포함하여 인터넷상에 오고 가는 모든 정보를 빅 데이터라고 한다. 한마디로 빅 데이터는 지구 상에 존재하는 모든 정보를 의미하기도 한다.

크기: 테라바이트 수준의 데이터 규모

다양성: 정형·비정형의 다양한 데이터

속도: 적시성 있는 분석이 필요한 실시간 데이터

| 빅 데이터 3대 요소에는 다양성, 크기, 속도가 있는데, 이 중 두 가지 이상의 요소만 충족하면 빅 데이터라고 볼 수 있다.

스마트폰과 같은 디지털 정보 기기들이 우리 생활에 깊이 자리 잡을수록 더 많은 데이터들이 만들어질 것이다. 매일 이렇게 만들어지는 수많은 데이터가 나와는 상관없는 것으로 보일 수도 있지만, 이러한 데이터는 우리가 잠든 사이에도 살아 움직이면서 우리 삶에 다양한 영향을 미친다. 그러므로 이 데이터들을 모아서 어떻게 하면 우리 생활에 편리한 도구로 사용할 것인지에 대한 분석 및 연구가 계속되고 있다.

빅 데이터 속에는 수많은 사람들의 각기 다른 생각과 행동 양식들이 숨어 있기 때문에, 이를 통해 눈으로 보이지 않는 세상의 변화와 흐름을 알 수 있다. 따라서 빅 데이터 속에 숨어 있는 다양한 정보들을 수집하고 분석하는 기술을 개발하면, 앞으로 변화할 우리 생활을 더 정확하게 예측하고 다양한 상황에 대처할 수 있을 것이다.

질문이요 빅 데이터의 다양성이란?

- **정형 데이터**: 문자 그대로 형식이 있는 데이터로, 고정된 영역에 저장되는 데이터를 의미한다. 예를 들어 우리가 온라인 쇼핑몰에서 제품을 주문할 때 입력하는 이름, 주소, 연락처, 배송 주소, 결제 정보 등의 데이터는 데이터베이스에 미리 생성되어 있는 테이블(위치)에 저장되는데, 이렇게 일정한 형식을 갖추고 저장되는 데이터를 뜻한다.
- **반정형 데이터**: 고정된 영역에 저장되어 있지는 않지만, XML이나 HTML같이 메타 데이터나 스키마 등을 포함하는 데이터를 의미한다. 웹 문서, 웹 로그, 센서 데이터 등이 여기에 해당된다.

  구조화된 문서를 웹상에서 구현할 수 있는 인터넷 프로그래밍 언어

  웹 문서를 만들 때 사용하는 기본적인 프로그램 언어 중 하나
- **비정형 데이터**: 고정된 필드에 저장되어 있지 않은 데이터를 의미한다. 예를 들어 유튜브에서 업로드하는 동영상 데이터, SNS나 블로그에서 저장하는 사진과 오디오 데이터, 메신저로 주고받은 대화 내용, 스마트폰에 기록되는 위치 정보, 유·무선 전화기에서 발생하는 통화 내용 등이 여기에 해당된다.

아하 그렇구나

숫자로 본 빅 데이터의 유형 및 크기

유형	크기
세계 기후 데이터 센터 웹 데이터	220테라바이트
1일 신규 페이스북 글	10테라바이트
1일 신규 트위터 트윗	7테라바이트
세계 모바일 폰	46억 개
인터넷 이용자(2011년)	20억 명
RFID 태그 수	300억 개

〈출처〉IBM, 2014

빅 데이터가 영업·마케팅과 소비자 행동 패턴 등을 예측하는 데 중요한 도구로 관심을 끌게 되면서, 수많은 데이터를 분석하여 데이터화하고 이것을 공공 서비스나 비즈니스에 활용하는 사례가 늘고 있다.

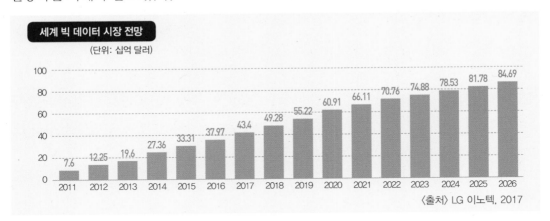

세계 빅 데이터 시장 전망
(단위: 십억 달러)

〈출처〉LG 이노텍, 2017

기업들은 구글 등의 웹 사이트 검색 통계나 트위터·페이스북 등의 SNS 데이터를 분석하여 시장 예측 및 상품 개발에 활용하며, 소비자 행동 패턴을 분석하여 마케팅 전략을 수립하기도 한다. 또한 데이터를 이용한 기후 예측과 통신사가 제공하는 위치 정보를 활용한 보험 상품 안내 등도 모두 빅 데이터를 활용한 사례이다.

사례1 국내에만 약 2만 5천 개 정도의 점포를 운영하고 있는 한 편의점 브랜드의 본사는 계절, 기온, 날씨, 기념일 등의 정보를 물건 구매와 판매에 활용하는 시스템을 운영하여 가맹점 주인들로부터 환영받고 있다. 본사에서는 기온대별, 요일별, 계절별, 날씨별로 과거에 판매된 데이터를 기초로 하여 해당 시간대에 잘 팔리는 제품들의 정보를 각 점포에 제공하고 있다.

사례2 국내 대표적인 식품 기업 중 한 회사는 개인 정보 취득 없이 수집이 가능한 블로그, 트위터 등 온라인상의 6억 5,000만여 건의 정보들을 기초로 요일별 피로도를 분석한 결과, 사람들이 월요일 오후 2시 16분에 가장 피곤해한다는 것을 알게 되었다. 빅 데이터의 분석 결과를 이용하여 이때 달콤한 음식이 필요하다는 전략을 세우고 관련 상품을 판매하여 많은 매출을 올리고 있다.

사례3 서울시는 시민들의 심야 시간대 통화량 통계 데이터와 서울시가 보유하고 있는 교통 데이터를 융합·분석하여 심야 버스 노선을 개설하였다. 노선별·요일별로 패턴을 분석하여 가장 효율적인 심야 버스 노선을 만들었으며, 요일별 배차 시간 간격도 조정하여 '올빼미 버스'를 선보였다.

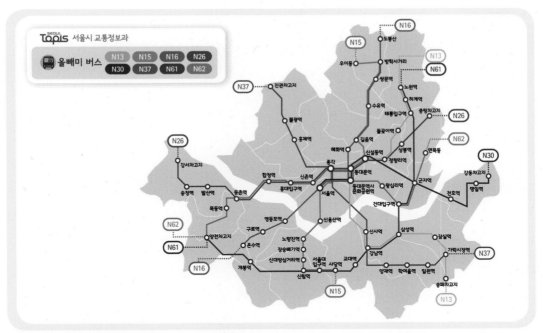

| **서울시의 심야 올빼미 버스 노선도** 서울시가 빅 데이터를 활용하여 만든 심야 버스 노선은 성공적인 사례로 평가받고 있다.

매일매일 쏟아져 나오는 수많은 빅 데이터가 모두 쓸모 있는 것은 아니다. 따라서 우리에게 가치가 있고 쓸모 있는 데이터들을 찾아내고 분석하여 효율적으로 사용하는 것이 중요하다. 또 빅 데이터가 사회에 미치는 좋은 점도 많지만, 그 과정에서 발생하는 역기능도 간과해서는 안 된다.

빅 데이터가 개개인의 데이터를 기초로 형성된다는 것은 빅 데이터의 장점인 동시에 가장 큰 단점이 될 수도 있다. 왜냐하면 빅 데이터의 수집

ThinkGen

빅 데이터 산업이 성공적으로 이루어지기 위해 해결해야 할 요소는 무엇일까?

및 분석 과정에서 개인의 행동 양식이 파악되고 개인 정보가 노출될 위험성이 크기 때문이다. 누군가가 동의 없이 나의 동선을 파악한다거나, 내가 오늘 무엇을 사고 어디에서 누구를 만나는 것까지도 데이터화되어 그 정보가 제삼자에게 넘어간다면 엄청난 사생활 침해의 문제로 발전할 수 있다.

따라서 데이터의 수집부터 관리까지 모든 과정 속에서 철저한 보안 관리와 개인의 사생활 보호가 먼저 이루어져야 한다. 또한 민간 부문에서는 빅 데이터를 분석·가공하여 새롭게 만든 정보에 대한 지식 재산권과 관련한 분쟁도 증가할 것으로 예상되는데, 이와 관련한 법적·제도적 장치도 마련되어야 할 것이다.

빅 데이터 어디서, 어떻게 활용될까?

빅 데이터는 다양한 곳에서 활용되고 있다. 특히 공공기관에서는 국민 복지 차원으로 빅 데이터를 활용하여 다양한 서비스를 선보이고 있는데 어떤 것이 있을까?

산림휴양 3.0 ★ 국립자연휴양림관리소에서는 국립 자연 휴양림 정보를 공유하기 위해 홈페이지에 '빅데이터' 코너를 개설하였다. 휴양 고객 220만 명의 이용 패턴 분석과 수요 조사 등의 다양한 정보 결과를 공개하여 필요한 사람들에게 유용한 자료로 활용될 수 있도록 하고 있다.

미래 일자리 수급 예측 ★ 고용노동부는 고용 보험, 산재 보험 등 공공 데이터베이스와 SNS 검색 정보 등을 분석하여 미래 일자리 수급을 예측하고, 인력 수급 불일치를 예방하는 데 정보를 적극 활용하고 있다.

국민건강 주의 알람 서비스 ★ 국민건강보험공단에서는 전국 병원의 진료 내역 데이터와 SNS 데이터를 연계 분석하여 홍역이나 조류 독감 같은 감염성 질병 발생 예측 모델을 개발하여 모든 국민들에게 각종 질병 정보를 알려 주는 서비스를 제공한다.

위기 청소년 징후 조기 경보 ★ 여성가족부에서는 '위기 청소년 징후 조기 경보' 사업을 통해 청소년 쉼터 이용 현황과 상담 기록, 블로그와 SNS를 통해 수집한 자료를 분석하여 청소년들이 자살·학업 중단·가출 등 위기 상황에 놓여 있는지를 파악하고 이를 통해 잠재적 위기 청소년에 대해 상담·보호·의료 등의 서비스를 제공한다.

| 산림휴양 3.0 서비스 | 국민건강 주의 알람 서비스

03 빅 브라더

　컴퓨터와 정보 통신 기술이 발달할수록 일상생활에서 개인의 사생활이 침해되는 위험성도 함께 커지고 있다. 마음만 먹으면 개인의 행동 하나하나까지도 감시할 수 있는 사회가 된다면 어떤 문제들이 생길까?

　하루 종일 우리가 생활하는 주변 곳곳을 둘러보면 어딘가에 대부분 CCTV가 있는 것을 알 수 있다. CCTV는 교통 상황을 파악해 주고, 범죄 발생 시 범인을 잡는 데에도 활용되며, 엘리베이터나 학교 교문 등에 설치하여 안전을 지킬 목적으로도 활용되고 있다. 이처럼 CCTV는 점점 더 우리 생활의 일부가 되어 가고 있다.

　그런데 이러한 순기능을 목적으로 설치한 CCTV가 반대로 사람들을 감시하는 도구로 사용되는 역기능도 많이 발생하고 있다. 이에 따라 법에서는 CCTV를 화재나 범죄 예방 목적 외에 열람하는 것을 금지하도록 규정하고 있으며, CCTV가 설치된 곳에는 안내문을 의무적으로 부착하도록 하고 있다. 또한 개인정보보호법에서도 CCTV 설치 목적 외에는 CCTV 운영을 금지하고 있다.

| 여러 종류의 CCTV

정보의 독점과 일상적 감시를 통해 사람들을 통제하고 감시하는 권력을 가리키는 말로 '빅 브라더'가 있다. 모두에게 정보가 평등하게 공유되지 않는 오늘날에는 다양한 감시 도구에 저장된 데이터들로 만들어진 정보를 누군가가 독점하고 활용하는 그 자체가 빅 브라더라고 할 수 있다.

질문이요 빅 브라더라는 말은 언제부터 사용했을까?

「동물농장」으로 잘 알려진 조지 오웰(George Orwell)의 소설 「1984」에서는 인간을 권력에 의해 철저하게 감시당하고 있는 존재로 그리고 있다. 이 소설에서 권력을 나타내는 용어로 쓰인 '빅 브라더'는 사회 구성원들에게 지시를 내리고, 그들을 감시하며 통제하는 존재이다. 일기를 쓰는 것조차 허용되지 않을 정도로 개인의 사생활이 통제되는 사회의 정점에 빅 브라더가 존재한다.

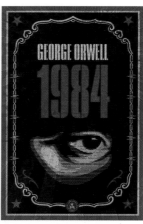

| **조지 오웰과 1984** 「1984」는 1949년 영국 소설가 조지 오웰이 미래 사회를 그린 소설이다. 빅 브라더(big brother)를 등장시켜 1984년 당원의 모든 것을 감시하는 전체주의 국가의 모습을 그려 냈다.

오늘날에는 소설 속이 아닌 현실에서도 매일같이 인간은 CCTV와 같은 기기에 의해 삶을 감시당하고 있다. 대표적인 예로 스마트폰 응용 서비스 중 하나인 위치 기반 서비스(Location Based Service)가 있다. 위치 기반 서비스는 스마트폰 사용자에게 많은 편리함을 주지만, 수집된 위치 정보에 의해 개인의 사생활이 침해당하는 부분에 대한 논란이 발생하고 있다. 또한 무료로 제공되는 인터넷 서비스에 가입할 때 수집되는 개인 정보들, 자주 수신되는 스팸 메일이나 스팸 문자 메시지, 합법이든 불법이든 영업 목적으로 수집된 정보도 개인의 사생활을 침해하고 있다. 여기서 더 심각한 문제는 수집된 개인 정보가 다른 데이터와 서로 조합되어 개인의 생활 습관이나 행동 양식까지 예측할 수 있다는 점이다.

ThinkGen
정보를 수집하고 관리하는 사람들에게 직업 윤리가 필요한 이유는 무엇일까?

기술은 누가 어떻게 사용하느냐에 따라 그 평가가 극과 극으로 나뉠 수 있다. 빅 데이터의 생산을 통한 빅 브라더의 출현은 막을 수 없다고 해도, 개인 정보와 사생활 보호에 대한 안전장치는 최우선적으로 마련되어야 할 것이다.

04 해커와 해킹

  정보 통신 기술이 발전할수록 자신의 컴퓨터 실력을 범죄에 이용하여 타인에게 많은 피해를 끼치는 해킹 행위가 지능화되고 방법도 다양해지고 있다. 그렇다면 해킹은 언제부터 시작되었을까? 그리고 이러한 해킹으로부터 안전을 지키는 방법은 있을까?

  해킹은 각종 전산망 시스템에 외부 접속자가 침입하여 주어진 권한 이상으로 정보를 열람하고 복제·변경함으로써 운영자가 의도하지 않았던 동작이 발생하는 것을 뜻한다.

  해킹은 본래 미국 MIT(매사추세츠 공과대학) 학생들의 순수한 호기심에서 출발했다. MIT에는 대대로 자신이 알고 있는 기술을 동원하여 장난스러운 일을 벌이는 것을 '핵(hack)'이라고 부르는 전통이 있었다. 1960년대 초반 MIT 일부 학생들이 접근이 허용되지 않는 학교 컴퓨터 시스템에 몰래 접근하여 각종 프로그램을 실행하고 수정하는 행동 등을 한 사건이 있었는데, 그들은 자신들의 행위를 핵의 한 종류로 생각하여 스스로를 해커(hacker)라고 불렀다. 해커와 해킹의 어원은 바로 여기서 시작되었다.

해킹에 사용되는 기술

아하
그렇구나

명칭	해킹 기술 내용
루트킷(root kit)	기기 사용자가 알아채지 못하게 특정 권한을 가진 공격자가 심어 놓은 프로그램을 숨기기 위한 목적으로 사용되는 프로그램들
키 로거(key logger)	사용자가 키보드로 남긴 기록을 훔친 후 복원하는 기술
취약점 검사	시스템에 침투하기 위한 취약점을 찾는 프로그램
스푸핑(spoofing)	자신을 감추고 신뢰도가 높은 사람으로 변장하는 것
패킷 스니퍼(packet sniffer)	네트워크를 통해 오가는 데이터 패킷을 가로채는 기술

네트워크를 통해 전송하기 쉽게 자른 데이터의 전송 단위

초창기의 해커 중 일부는 자신의 능력과 기술을 이용하여 타인의 컴퓨터 시스템이나 네트워크에 마음대로 침투하여 컴퓨터 바이러스 파일을 유포하는 등의 해를 끼치기도 했지만, 또 다른 일부는 누구나 자유롭게 쓸 수 있는 프로그램을 만들어 무상으로 유포하는 등 기술 발전에 긍정적인 영향을 미치는 경우도 많았다.

그런데 1980년대 들어 정보 통신망이 확산되고 개인용 컴퓨터의 보급이 늘어나면서 장난삼아 비밀번호 변경이나 남의 자료를 훔쳐보는 수준을 넘어 자신들의 능력을 과시하기 위해 각종 불법 범죄 행위를 저지르는 일들이 일어났다. 이렇게 해킹이 범죄 수단으로 악용되면서 해킹에 대한 인식도 부정적으로 변하기 시작했다.

하지만 해킹 전체가 모두 범죄인 것은 아니다. 예를 들어 다른 사람의 컴퓨터 비밀번호를 풀어서 프로그램 소스를 확인만 하는 것은 범죄가 아니다. 그러나 다른 사람의 컴퓨터에 피해를 줄 목적으로 비밀번호를 풀어서 임의로 조작된 프로그램을 배포하는 등의 행위는 명백히 범죄이다. 이를 구분하기 위해서 전문가들은 일반적으로 악의 없이 하는 것을 해킹(hacking), 범죄의 수단으로 하는 것을 크래킹(cracking)이라고 정의한다.

| **해킹과 크래킹** 전문가들은 해킹과 크래킹은 엄연히 구분해서 다르다고 주장하지만, 근래 들어 범죄 행위를 명백히 저지르든 단순히 다른 사람의 컴퓨터에 피해를 주지 않든 모두 타인의 컴퓨터에 무단으로 침입하는 행위를 불법으로 단정하여 해킹과 크래킹을 통틀어서 해킹이라 부르는 것이 일반적이다.

최근 미국에서 스마트 TV와 냉장고를 해킹하여 75만 건의 스팸 메일을 발송한 사건이 발생했는데, 이는 사물 인터넷을 이용한 최초의 해킹 사건이다. 약 10만 개의 가전제품이 이 해킹에 이용되었으며, 가정에 설치된 컴퓨터는 물론 네트워크 라우터와 스마트 TV 그리고 최소 1대 이상의 냉장고가 포함되었다고 한다. ↳ 인터넷에 연결된 수많은 컴퓨터 중에서 데이터를 받을 컴퓨터의 위치를 찾아 주기 위해 사용하는 장비

모든 사물이 네트워크로 연결된 사물 인터넷 사회에서는 악의적인 해커들에 의해 중요한 시스템이 순식간에 파괴되고, 바이러스 파일이 대량으로 퍼져서 사회를 혼란으로 빠뜨릴 가능성이 높다. 따라서 불법적인 해킹 행위에 대비하여 철저한 보안 대책을 수립하는 것이 중요하며, 새롭게 등장하는 해킹에 대한 방어 기술도 개발되어야 할 것이다.

ThinkGen
불법적인 해킹으로 인한 피해가 급증하는 원인은 무엇일까?

| 사물 인터넷을 통한 해킹

아하
그렇구나

카이스트 Vs 포항공대 천재들의 해킹 전쟁?

1996년 4월 6일, 포항공대(현 포스텍) 전기전자공학과의 컴퓨터 시스템에 저장해 놓은 연구 자료와 과제물 등 모든 자료들이 삭제되어 모든 행정 업무와 연구 작업이 마비되는 사건이 발생하였다. 누군가가 전산 시스템에 몰래 접속하여 관리자 권한을 획득한 후 자료를 삭제하고 비밀번호를 변경한 사건인데, 검찰 수사 결과 범인은 카이스트의 해킹 방지 동아리 '쿠스' 회원들로 밝혀졌다.

이들은 이전에 카이스트 시스템이 뚫렸던 사건을 포항공대의 소행으로 여겨 보복 차원에서 해킹을 시도했다고 밝혔다. 이 사건은 사회적으로 큰 파장을 일으켰으며, 사람들에게 해킹이 무엇인지 알려지는 계기가 되었다.

스마트폰 사용자 10대 안전 수칙

수칙❶ **의심스러운 애플리케이션 다운로드하지 않기** ★ 스마트폰용 악성 코드는 위·변조된 애플리케이션에 의해 유포될 가능성이 크므로 의심스러운 애플리케이션의 다운로드는 가급적 자제한다.

수칙❷ **신뢰할 수 없는 사이트 방문하지 않기** ★ 의심스럽거나 알려지지 않은 사이트를 방문할 경우 사용자 몰래 정상 프로그램으로 가장한 악성 프로그램이 설치될 수 있다.

수칙❸ **발신인이 명확하지 않거나 의심스러운 메시지 및 메일 삭제하기** ★ 게임이나 공짜 경품 지급, 혹은 유명인의 사생활에 대한 이야기 등과 같이 자극적이거나 흥미를 가장하여 사용자를 현혹하려는 메시지 또는 발신자가 불명확하거나 의심스러운 메시지 및 메일 등은 열어 보지 말고 즉시 삭제한다.

수칙❹ **비밀번호를 설정하고 정기적으로 변경하기** ★ 단말기를 분실하거나 도난당했을 경우 개인 정보가 유출되는 것을 방지하기 위하여 평소 단말기에 비밀번호를 설정해 놓는다.

수칙❺ **블루투스 등 무선 인터페이스는 사용할 때만 켜 놓기** ★ 블루투스나 무선랜을 사용하지 않을 경우에는 해당 기능을 꺼 놓는 것이 좋다.

수칙❻ **스마트폰에 이상 증상이 지속될 경우 악성 코드 감염 여부 확인하기** ★ 스마트폰이 악성 코드에 의한 감염으로 이상 증상이 생길 수 있으므로 백신 프로그램을 통해 스마트폰을 진단하고 치료해야 한다.

수칙❼ **다운로드한 파일은 반드시 컴퓨터 바이러스 유무를 검사한 후 사용하기** ★ 프로그램이나 파일을 다운로드하여 실행하고자 할 경우, 가급적 스마트폰용 백신 프로그램으로 바이러스 유무를 검사한 후 사용하는 것이 좋다.

수칙❽ **스마트폰 플랫폼의 구조를 임의로 변경하지 않기** ★ 사용자 스스로 스마트폰 플랫폼의 구조를 변경하지 않는다.

수칙❾ **운영체제 및 백신 프로그램을 항상 최신 버전으로 업데이트하기** ★ 자신이 사용하는 운영체제 및 백신 프로그램을 항상 최신 버전으로 업데이트하여 사용해야 한다.

수칙❿ **PC에도 백신 프로그램을 설치하고 정기적으로 바이러스 검사하기** ★ 스마트폰은 물론 PC에서도 백신 프로그램 설치 및 정기 점검을 꼭 실시한다.

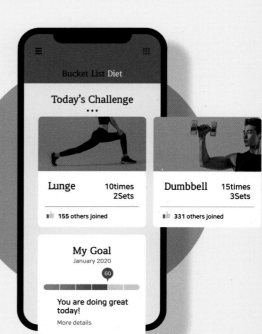

O5 컴퓨터 바이러스

　정상적으로 사용하던 컴퓨터가 갑자기 작동이 안 되거나 부팅 시간 또는 프로그램 실행 시간이 평소보다 오래 걸릴 때가 있다. 이러한 증상은 대부분 컴퓨터 바이러스 때문에 발생한다. 컴퓨터를 괴롭히는 지긋지긋한 컴퓨터 바이러스는 언제부터 생겨났고 또 어떤 것들이 있을까? 또한 컴퓨터 바이러스를 예방하려면 어떻게 해야 할까?

　컴퓨터 바이러스는 우리가 사용하고 있는 컴퓨터 내부에 몰래 들어가 데이터를 손상시키거나 프로그램들을 파괴하여 정상적인 작업을 할 수 없도록 하는 프로그램을 말한다. 컴퓨터 바이러스는 특정 프로그램을 실행할 때 같이 활동하면서 데이터를 파괴하거나 컴퓨터의 작동을 방해하고, 자신을 복제하여 또 다른 컴퓨터까지 전염시키기도 한다. 이런 점이 생물학적 바이러스와 비슷하기 때문에 바이러스라는 용어를 사용한다.

　최초의 컴퓨터 바이러스는 1986년 파키스탄에서 발견된 '브레인' 바이러스이다. 1987년에는 이스라엘 예루살렘 대학에서 13일의 금요일만 되면 컴퓨터들을 망가뜨리고 데이터를 파괴하는 '13일의 금요일'이라는 바이러스가 발견되어 컴퓨터 사용자들을 괴롭혔다. 우리나라에서는 1988년 '(C)Brain'이라는 컴퓨터 바이러스가 처음으로 발견되었다.

| **브레인 바이러스** 파키스탄의 한 프로그래머가 자신이 개발한 프로그램의 복제품이 널리 퍼지자, 복제 프로그램을 사용하는 사람들에게 보복하기 위해 데이터를 파괴하는 바이러스를 처음으로 만들어 유포시켰다.

아하 그렇구나

웜 바이러스가 세상을 발칵 뒤집었다고?

2003년 1월 25일, 윈도 서버의 취약점을 활용한 슬래머웜 바이러스가 발생하여 인터넷을 통해 전 세계로 급속히 확산되었다. 이 웜 바이러스에 감염된 PC가 일부 사이트를 향해 DDoS(디도스, 분산 서비스 거부) 공격을 가하자 트래픽을 견디지 못하고 서버가 다운되었다. 서버 다운으로 인해 인터넷 접속이 불가능한 상태가 되자, 많은 부분을 인터넷에 의존하고 있던 전 세계 사람들은 엄청난 충격과 혼란에 빠졌다. 이 사건은 인터넷의 마비가 사회적 혼란을 초래할 수 있음을 알려 준 계기가 되었다.

→ 해커가 바이러스를 감염시킨 대량의 컴퓨터(일명 좀비 컴퓨터들)를 이용하여 특정 컴퓨터 혹은 시스템으로 대량의 유해 트래픽을 전송하여 시스템을 공격하는 것

컴퓨터 바이러스의 종류는 바이러스가 어느 부위에 감염되는지에 따라 크게 부트 바이러스와 파일 바이러스로 나눌 수 있다.

부트 바이러스 이 바이러스는 컴퓨터의 전원을 켜면 가장 먼저 실행되는 부트 섹터에 숨어 있다가 컴퓨터의 정상적인 부팅을 어렵게 한다. 부트 바이러스에 감염되면 컴퓨터가 켜지지 않거나 하드 디스크, 주변 장치를 읽지 못하게 된다. 또한 컴퓨터가 켜지는 시간이 오래 걸리고 기억 장치나 하드 디스크 용량이 갑자기 줄어드는 증상이 발생한다.

파일 바이러스 이 바이러스는 프로그램 파일을 감염시키는 것으로 전체 바이러스의 90% 이상을 차지한다. 주로 감염되는 파일의 확장자는 ＊.COM, ＊.EXE 등과 같은 실행 파일이나 오버레이 파일, 주변 기기 구동 프로그램 관련 파일들이다. 파일 바이러스에 감염되면 특정 프로그램이 실행되지 않거나 실행 시간이 오래 걸린다. 그리고 파일의 용량이 갑자기 늘어나거나 파일의 생성 날짜나 시간 등이 변경되며, 작업과 관련 없는 문자열이 나타나거나 소리가 나는 등의 증상이 발생한다.

필요할 때 메모리로 불러들일 수 있는 프로그램의 일부분

컴퓨터에 바이러스가 감염되는 것을 사전에 예방하려면 복제품이 아닌 정품 소프트웨어를 사용하고, 보안 관련 프로그램의 업데이트가 자동으로 실행될 수 있게 설정해 두어야 한다. 아울러 컴퓨터에는 항상 백신 프로그램이나 개인 방화벽 등의 보안 프로그램을 설치하고, 출처가 분명하지 않은 이메일은 열어 보지 않고 바로 삭제하는 등의 예방 조치를 생활화한다.

아하 그렇구나

바이러스에 감염된 컴퓨터의 증상은?

- 시스템을 부팅할 때 시스템 관련 파일을 찾을 수 없다는 오류 메시지가 나오고 윈도가 실행되지 않는다.
- 이유 없이 프로그램의 실행 속도가 떨어지고 시스템이 자주 멈춘다.
- PC 사용 중 비정상적인 그림이나 메시지, 소리 등이 나타난다.
- 사용자가 선택하지 않은 프로그램이 실행되거나 주변 장치가 스스로 작동한다.
- 알 수 없는 파일이 생긴다(특히 공유 폴더).
- [제어판], [디스플레이 등록 정보], [레지스트리 편집기] 등 시스템과 관련된 파일들이 실행되지 않는다.
- [내 컴퓨터]에서 로컬 디스크 드라이브 아이콘이 깨져 보인다.
- 웹 브라우저를 실행하면 화면이 잠깐 보이고 사라진다.
- 컴퓨터 부팅 시 윈도 바탕 화면까지만 나오고, 곧바로 로그인 화면으로 돌아간다.
- 백신 프로그램의 업데이트가 안 된다.
- 백신 프로그램의 웹 사이트 접속이 잘 안 된다.

컴퓨터 바이러스의 세대별 분류

● 1세대 바이러스

| **원시형** 가장 단순한 형태이며 프로그램이나 서적 등에 이미 공개된 내용으로 쉽게 제작할 수 있고 진단과 치료가 쉽다.
📌 초창기의 예루살렘 바이러스, 핑퐁 바이러스, 돌 바이러스 등

● 2세대 바이러스

| **암호형** 백신 프로그램이 진단할 수 없도록 바이러스 프로그램의 일부 또는 대부분을 암호화시켜 저장한다. 백신 프로그램을 만들 때 암호 해독 방식을 포함하여 만들어야 하기 때문에 1세대에 비해 바이러스 프로그램 만들기가 다소 어렵다.
📌 폭포 바이러스, 느림보 바이러스 등

● 3세대 바이러스

| **은폐형** 바이러스 감염 사실을 숨겨, 보다 많은 시스템에 감염을 확산시키려는 의도로 만들어진 바이러스이다. 이러한 바이러스들은 기억 장치부터 먼저 검사하여 은폐 장치를 무력화하는 것이 효과적이다.
📌 브레인 바이러스, 조쉬 바이러스, 512 바이러스, 4096 바이러스 등

● 4세대 바이러스

| **갑옷형** 백신이 치료하지 못하게 만든 흑색 목적의 바이러스이다. 바이러스 제작자가 백신 전문가들을 공격하는 형태이다.
📌 고래 바이러스, 다형성 바이러스 등

● 5세대 바이러스

| **매크로** 매크로 기능을 이용한 바이러스들이 이에 해당한다. 오피스 프로그램을 공격하는 바이러스로 엑셀, 워드와 같은 오피스 프로그램에서 특정 문서를 작업 후 저장한 파일들을 변형시킨다.
📌 라룩스 바이러스 등

06 스미싱

하루에도 몇 번씩 스마트폰을 통해 광고성 문자 메시지, 공짜 쿠폰, 무료 경품권, 게임 사이트 주소, 각종 초대장, 택배를 가장한 문자 등이 도착하는데, 그 속에는 대부분 스미싱 문자가 포함되어 있다. 여기서 스미싱이란 무엇일까?

스미싱(smishing)은 SMS
단문 문자 메시지 서비스
와 피싱(phishing)을 합친
새로운 용어로 스마트폰
사용자에게 호기심을 가
질 수 있는 문자 메시지와

private data	+	fishing	=	phishing
(개인 정보)		(낚시)		(피싱)

함께 관련 웹 사이트로 연결 가능한 URL을 보내어 클릭을 유도하는 신종 스마트폰 해킹
인터넷 주소
기법이다. 스미싱 문자를 받은 스마트폰 사용자가 문자 메시지에 포함된 URL을 클릭하여 인터넷에 접속하면 해당 스마트폰에 악성 코드가 자동으로 설치되고, 이를 통해 의도하지 않은 소액 결제가 발생하여 피해가 발생한다.

❶ 사용자의 주민 등록 번호와 휴대전화 번호 등을 해킹하여 스팸 메시지 발송

❷ 문자에 포함된 URL을 클릭하면 휴대전화에 악성 코드가 다운로드되어 설치됨

❸ 해킹한 정보로 소액 결제를 시도하면 사용자 휴대전화로 결제 승인 번호 전송

❹ 사용자 휴대전화에 설치된 악성 코드로 결제 승인 번호 확인

❺ 결제 승인 번호 입력하여 결제 완료

❻ 의도하지 않은 결제 대금이 사용자에게 청구됨

| 스미싱에 의한 소액 결제 피해 단계

특히 소액 결제가 발생할 때 악성 코드를 통해 결제 승인 번호를 중간에서 해킹하기 때문에 스마트폰 사용자는 요금 청구서가 나온 후에야 피해 사실을 알 수 있으므로 각별한 주의가 필요하다.

스미싱에 이용되는 변종 악성 코드는 개인 스마트폰에 저장된 각종 개인 정보, 주소록, 연락처, 사진, 공인 인증서 등을 빼내어 범죄에 악용하고 개인의 사생활을 침해할 가능성이 매우 크기 때문에 더욱 주의해야 한다.

최근 들어 스미싱 문자를 수신하는 사용자를 속이기 위한 기법이 갈수록 진화하고 있어서 한순간의 방심으로 큰 피해를 입을 수 있다. 따라서 평소에 자주 보는 문자 메시지들도 한번쯤 의심해 보는 습관이 중요하다.

아하 그렇구나

스미싱 문자 피해 예방법은?

❶ 통신사의 고객 센터에 전화하거나 통신사 인터넷 홈페이지에 방문하여 소액 결제를 원천적으로 차단하거나 결제 금액의 한도를 제한한다.

❷ 스마트폰에 백신 프로그램을 설치하고 주기적으로 업데이트하여, 악성 코드가 설치되는 것을 사전에 차단한다.

❸ 확인되지 않은 앱이 함부로 설치되지 않도록 스마트폰의 보안 설정을 강화한다.

❹ 쿠폰, 상품권, 무료, 조회, 공짜 등의 스팸 문구를 미리 등록하여 스마트폰에 스미싱 문자가 전송되는 것을 사전에 차단한다.

❺ T스토어, 올레마켓, U+ 앱마켓 등 공인된 오픈 마켓을 통해 앱을 설치한다.

❻ 출처가 확인되지 않은 링크는 클릭하지 말고, 인터넷상에서 apk 파일을 다운받아 스마트폰에 저장하지 않는다.

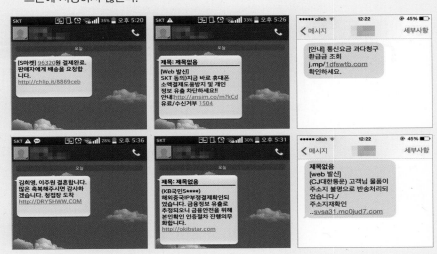

| 스미싱 문자 메시지 사례

파밍

파밍(pharming)은 피싱(phishing)에 이어 등장한 새로운 인터넷 사기 수법으로 사용자가 자신의 웹 브라우저에서 정확한 웹 페이지 주소를 입력하더라도 가짜 웹 페이지로 접속되도록 하여 개인 정보를 훔쳐내는 수법이다. 파밍은 합법적인 소유자가 있는 *도메인을 탈취하거나 *도메인 네임 시스템(DNS) 또는 *프락시 서버의 주소를 변조함으로써 사용자들로 하여금 가짜 사이트를 진짜 사이트로 오인하여 접속하도록 유도한 뒤에 개인 정보를 훔쳐 내는 컴퓨터 범죄 수법 중 하나이다.

넓은 의미에서 파밍은 피싱의 한 유형이면서 피싱보다 한 단계 진화한 형태로 볼 수 있다. 피싱은 금융 기관 등의 웹 사이트에서 보낸 것처럼 위장한 이메일로 사용자의 접속을 유도하여 개인 정보를 빼내는 방식이지만, 파밍은 해당 사이트가 공식적으로 운영하고 있던 도메인 자체를 중간에서 탈취하는 더 지능화된 범죄 수법이다.

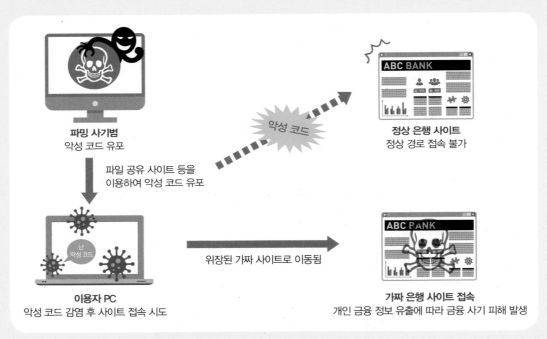

파밍 사기범
악성 코드 유포

파일 공유 사이트 등을
이용하여 악성 코드 유포

악성 코드

정상 은행 사이트
정상 경로 접속 불가

이용자 PC
악성 코드 감염 후 사이트 접속 시도

위장된 가짜 사이트로 이동됨

가짜 은행 사이트 접속
개인 금융 정보 유출에 따라 금융 사기 피해 발생

| 개인이 은행에 접속하려고 할 때 파밍이 진행되는 과정

*
도메인 인터넷상의 컴퓨터 주소를 알기 쉬운 영문으로 표현한 것이다.
도메인 네임 시스템(DNS) 도메인 이름을 IP 주소로 바꿔 주는 인터넷 서비스이다.
프락시 서버 컴퓨터가 자신을 통해서 다른 네트워크 서비스에 간접적으로 접속할 수 있게 해 주는 컴퓨터나 응용 프로그램을 뜻한다.

07 디지털 워터마킹

  사람들은 자신이 만든 동영상이나 사진, 음성 데이터 등과 같은 디지털 형식의 저작물에 저작권 보호를 위해 자신이 저작자임을 나타내는 표시를 어딘가에 할 수 있다. 사람들이 사용하는 이 방법은 무엇일까?

  여러분은 그림이나 서예 등의 미술 작품의 한쪽 구석에 작가가 자신의 작품임을 표시하기 위해 이름이나 특정 문구 등을 지워지지 않게 써 놓은 것을 본 적이 있을 것이다. 또는 우리가 일상생활에서 사용하는 지폐를 불빛에 비춰 보면 평상시에는 보이지 않던 그림이나 표식 등이 발견되는데, 이는 위조지폐를 방지하기 위해 진짜 지폐에만 숨겨 놓는 장치들이다. 이렇듯 예술 작품이나 지폐 등에 고유함을 나타내기 위해 숨겨 놓은 그림이나 표식 등을 워터마크라고 한다.

  각종 디지털 콘텐츠에도 워터마크를 삽입하는데 이를 디지털 워터마킹이라고 한다. 디지털 워터마킹

ThinkGen

각종 디지털 콘텐츠에 워터마크를 사용하는 이유는 무엇일까?

은 멀티미디어 이미지, 동영상, MP3 파일 등 다양한 디지털 콘텐츠에 눈에는 보이지 않지만 저작자임을 증명할 수 있는 그림이나 문자 등으로 만든 디지털 직인을 삽입하는 것을 뜻한다. 만약 저작권 침해로 인한 분쟁이 생길 경우에는 이러한 디지털 워터마크를 확인함으로써 저작권 문제를 해결할 수 있다.

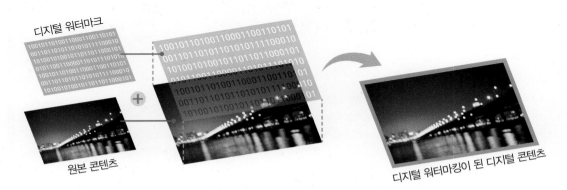

디지털 워터마크

원본 콘텐츠

디지털 워터마킹이 된 디지털 콘텐츠

| **디지털 워터마킹** 디지털 콘텐츠의 저작권 정보를 식별할 수 있도록 원본 콘텐츠(저작물 원본)에 눈에 보이지 않는 디지털 워터마크를 삽입하는 기술이다.

각종 디지털 콘텐츠에 워터마크를 삽입하는 목적은 다음과 같다.

첫째, 저작권 분쟁이 발생했을 때 저작권자를 가려내고 소유 관계를 입증할 수 있다.

둘째, 해당 데이터를 수정하게 되면 워터마킹된 부분이 훼손되므로 문서의 진위 여부를 가려낼 수 있다.

셋째, 디지털 콘텐츠에 공급받은 사용자의 ID를 넣어 불법 복제자를 찾아낼 수 있다.

넷째, 디지털 워터마크 사용을 통해서 복사할 수 있는 횟수를 제한할 수 있다.

그 외에도 콘텐츠에 추가 정보를 삽입하여 특정한 사용자를 지정할 수 있고, 영상 등의 내용을 상업적으로 재사용할 수 없도록 보호할 수 있다.

현재 우리가 만들어 내고 사용하는 데이터들은 빠른 속도로 디지털화되고 있다. 그러나 디지털 콘텐츠는 쉽게 복제되고, 복제된 콘텐츠와 원래의 콘텐츠가 똑같다는 한계가 있다. 또한 원본 콘텐츠를 쉽게 변형할 수 있다는 특징도 있다. 따라서 디지털 콘텐츠의 저작권을 보호하면서 안심하고 사용할 수 있도록 디지털 워터마킹 기술이 더욱 개발되고 활성화되어야 하겠다.

오만 원권 지폐에 들어 있는 다양한 워터마크

❼ 다섯 줄무늬　❶ 홀로그램 띠　❸ 앞뒷면 맞춤　❿ 형광 그림　❾ 숨은 은선　❽ 볼록 인쇄　⓬ 시변각 잉크　❷ 입체형 부분 노출 은선　❹ 숨은 그림　❺ 돌출 은화　⓫ 미세 문자　❻ 요판잠상

❶ 홀로그램 띠 기울여 보면 각도에 따라 태극, 우리나라 지도, 4괘 등 세 가지 무늬가 번갈아 나타나고 그 사이로 50,000이 보임 ❷ 입체형 부분 노출 은선 상하로 움직이면 띠 안에 있는 태극무늬가 좌우로 움직이면 상하로 움직이는 것처럼 보임 ❸ 앞뒷면 맞춤 빛에 비추어 보면 앞면과 뒷면의 무늬가 합쳐져서 태극무늬가 완성되어 보임 ❹ 숨은 그림 빛에 비추어 보면 앞면의 초상 신사임당이 선명하게 보임 ❺ 돌출 은화 빛에 비추어 보면 오각형 무늬 안에 5가 보임 ❻ 요판잠상 기울여 보면 5가 보임 ❼ 다섯 줄무늬 손으로 만지면 도톨도톨한 촉감이 느껴짐 ❽ 볼록 인쇄 지폐 표면에 도톨도톨한 촉감이 느껴짐 ❾ 숨은 은선 빛에 비추어 보면 문자가 인쇄된 은선이 보임 ❿ 형광 그림 자외선을 비추면 묵포도도 등에 녹색 형광 색상이 나타남 ⓫ 미세 문자 확대경으로 보면 초상 옷깃 부분의 미세 문자가 선명하게 보임 ⓬ 시변각 잉크 보는 각도에 따라 자홍색에서 녹색, 녹색에서 자홍색으로 변함

〈출처〉 한국은행, 위조화폐 이야기 – 범죄의 재구성

O8 특허

세계는 현재 특허 전쟁 중이다. 어느 회사가 먼저 어떤 특허를 소유하느냐의 여부가 회사의 성장에 큰 영향을 미칠 정도로 특허의 중요성은 날로 커지고 있다. 그렇다면 특허 제도는 언제부터 생긴 것이며 어떻게 운영되고 있을까?

미국의 퀄컴이라는 회사는 예전엔 그다지 주목을 받지 못하던 기업이었으나, 현재는 퀄컴 사가 보유하고 있는 이동 통신 분야의 다양한 특허로 인해 매년 전 세계 스마트폰 제조사로부터 천문학적인 특허료 수익을 얻고 있다. 2016년도에만 국내 스마트폰 제조사가 약 5조에서 6조 정도를 특허 사용료로 지급하였다고 하니, 퀄컴 사가 가지고 있는 특허의 영향력이 얼마나 큰지 알 수 있다.

〈출처〉 The Financial News, 2019

〈출처〉 한국경제, 2019

이렇듯 기업 간 거래에 있어서 특허의 중요성이 날이 갈수록 커지고 있기 때문에 각 기업은 특허 분야의 전문 인력을 늘리고 있으며, 자체 개발한 기술의 특허를 취득하기 위해 많은 노력을 기울이고 있다.

특허란 보통 새롭고 유용한 물건이나 그 물건을 만드는 방법, 또는 물질의 새로운 결합 방법이나 물질의 유용한 용도를 발명한 사람이면 누구나 받을 수 있는 권리를 뜻한다.

개발한 물건이나 기술을 특허로 등록하기 위해서는 몇 가지 조건을 갖추어야 한다. 특허를 받기 위한 발명은 '자연법칙을 이용한 기술적 사상의 창작으로서 고도한 것'이어야 하며, 기존 기술에 비하여 새롭고(신규성), 진보되고(진보성), 산업상 이용(산업상 이용 가능성)할 수 있는 것이어야 한다. 따라서 발명은 일상생활에서 흔히 접할 수 있는 자연 그대로의 가치 있는 아이디어를 의미하며, 일종의 특허 소재인 셈이다. 이러한 발명을 가지고 정해진 요건과 절차에 따라 다른 발명과 겹치지 않는 범위에서 독점적인 권리로 인정받을 때 특허가 되는 것이다. 일반적으로 특허의 범위는 발명의 범위보다는 좁은 경우가 대부분이다.

수준이나 정도가 매우 높거나 뛰어남 또는 그런 정도

발명 → 가공 → 특허

| **발명과 특허의 관계** 발명과 특허를 보석에 비유하면 막 채취한 원석이 발명에 해당하고, 원석에 들어 있는 불순물을 없애고 다이아몬드로 아름답게 가공한 것을 특허라고 할 수 있다.

세계 최초의 특허 제도는 중세 르네상스 시대 이탈리아에서 시작되었다. 1457년 이탈리아 베네치아에서는 1550년까지 약 75년 동안 특허 제도를 시행하였는데, 특허의 보호 기간은 10년이었다. 이 제도 하에서 1594년 천문학자 갈릴레오 갈릴레이가 '양수, 관개용 장치' 발명으로 특허를 받기도 하였다.

아하 그렇구나

갈릴레오 갈릴레이가 받은 특허는 무엇일까?

갈릴레오 갈릴레이는 자신의 발명품인 '양수, 관개용 장치'의 독점권을 갖기 위해 다음과 같은 글을 올렸다.

"제가 발명한 기계는 말 한 마리 힘으로 20개 구멍에서 끊임없이 물이 나옵니다. 그것은 뼈를 깎는 노력과 많은 비용을 써서 완성한 것인데, 모든 사람의 공유 재산이 되는 것은 견딜 수 없으므로 특허를 주면 사회 복지를 위해 새로운 발명에 힘쓰겠습니다."

| 갈릴레오 갈릴레이

근대 최초의 특허법은 1623년 영국에서 채택된 독점법(Statute of Monopolies)이다. 당시 영국 정부에서는 왕실의 재정을 늘리려는 목적으로 상인들에게 돈을 받고 독점권을 부여하였다. 아시아에서는 일본이 1885년에 전매특허조례를 제정하여 최초로 특허 제도를 실시하였다.

우리나라는 1946년 처음으로 특허법을 제정하여 시행하였고, 1947년부터 특허 출원 업무를 시작했다. 특허법에 의한 우리나라 최초 발명 특허 1호는 '황화염료 제조법'이다.

특허 제도를 운영하는 목적은 다른 사람이 부당하게 특허를 침해했을 때 법적으로 사용을 중단하게 하는 것을 인정함으로써 발명한 사람의 권리를 보호해 주려는 것이다. 이를 통해 누구나 공정하게 기술 경쟁을 할 수 있도록 유도함으로써 우리 사회의 산업 발전에 도움을 주려는 것이 특허의 큰 목적이라고 할 수 있다.

| 우리나라 특허 공보 제1호

특허권자는 특허를 받기 위해 서류를 제출한 날로부터 20년간 발명품에 대해 독점적으로 사용할 수 있는 권리를 인정받는다. 만약 다른 사람이 특허를 받은 발명품을 이용하고자 할 때는 허락을 받고, 그 대가로 사용료(로열티)를 내야 한다.

질문이요 만약 A와 B 두 사람이 같은 발명을 했다면, 어떻게 특허를 받을까?

특허권에는 선출원주의 원칙이라는 것이 있다. 예를 들어 A가 먼저 특허를 위한 출원을 하였고, B가 그 후에 출원을 하였다면 B의 출원은 특허로 인정

> **ThinkGen**
> 특허 원칙에 있어서 선출원주의가 우선인 이유는 무엇일까?

되지 않는다. 만약에 A의 출원일과 B의 출원일이 같다면, 두 사람이 협의하여 정한 한쪽의 출원인만 특허를 받을 수가 있다. 왜냐하면 특허는 단 하나만 존재하기 때문이다. 이렇듯 먼저 출원하는 사람에게 특허를 부여하는 것을 선출원주의 원칙이라고 한다.

특허의 장점은 최초 개발자의 경제적 이득을 보장해 줌으로써 기술 개발 의욕을 키워주는 데 있다. 그러나 특허료를 받기 위한 목적으로 특허를 악용하는 사람이나 기업들이 늘어나면서 오히려 기술의 발전이 늦어지는 역효과가 발생할 때도 있다.

아하
그렇구나

특허권과 실용실안권은 어떻게 다를까?

특허의 종류에는 특허권, 실용실안권, 상표권, 의장권 등이 있다. 특허권은 대부분 신기술, 실용신안권은 기존 기술에 대한 보완, 상표권은 물품에 대한 브랜드 소유권 등록, 의장권은 심미성에 대한 특허권에 해당한다.

이 중에서도 특허와 실용신안은 자연법칙을 이용한 기술적 사상의 창작이라는 점에서 서로 공통점을 가지고 있다. 그러나 실용신안은 그 보호 대상이 물건의 형상·구조 또는 그 조합에 관한 것으로서 반드시 물건을 전제로 하는 것이며, 새로운 물건을 만들어 내는 것이라기보다는 기존의 물건을 개량하여 가치를 높이는 것이라 할 수 있다. 이에 비해 특허는 실용신안보다 그 기술 내용의 수준이 뛰어난 것으로서, 물건의 발명과 물건 제조 방법의 발명, 물질의 발명 등이 보호 대상이다.

특허와 실용신안의 출원 및 심사 절차에 있어 특허 출원 시에는 필요한 경우에만 도면이 첨부되지만, 실용신안 등록 출원 시에는 반드시 도면이 첨부되어야 한다. 그리고 특허 출원의 심사 청구 기간은 출원일로부터 5년이고, 실용신안의 심사 청구 기간은 출원일로부터 3년이라는 점이 다르다.

특허와 실용신안의 차이

구분	특허	실용신안
대상	장치 발명, 물질 발명	장치 발명
등록 방법	심사 후 거절 사유가 없으면 등록	실체 심사 없이 등록
보호 기간	출원일로부터 20년	출원일로부터 10년
권리 행사	등록 후 바로 가능	기술 평가 청구 후 유지 결정을 받은 이후 가능

선풍기에서 실용신안과 특허 찾기 선풍기를 예로 들면 초기의 선풍기 모델은 실용신안이고, 최근에 나오는 날개 없는 선풍기는 특허라고 할 수 있다. 날개 없는 선풍기는 기존에 없는 기술적 창작의 결과물로 기술 내용의 수준이 뛰어나기 때문이다.

09 비트코인

정보 통신 기술이 발전하면서 사이버 공간에서는 갈수록 많은 일들이 일어나고 있다. 그중 하나가 현실 공간에서처럼 사이버 공간에서 물건을 사고팔 수 있는 가상 화폐인 비트코인의 등장이다. 비트코인은 어떻게 벌어서 어떻게 사용할까?

비트코인(bitcoin)은 흔히 디지털 가상 화폐라고 한다. 그러나 기존에 사이버상에서 사용되던 가상 화폐인 싸이월드 미니홈피의 '도토리', 네이버의 '네이버 캐시', 페이스북의 '페이스북 크레딧', 카카오톡의 '초코' 등과는 달리 통화를 발행하고 관리하는 곳이 따로 존재하지 않는다는 것이 가장 큰 차이점이다.

BITCOIN TICKER   BLOCKCHAIN   BITCOIN   COINBITS   코인플러그

BitTick   Korbit Wallet   breadwallet   bitWallet™   Bitcoin Price Chart

비트코인의 특징
❶ 첫 독립적인 사이버 머니이다.
❷ 사용자의 익명성을 보장한다.
❸ 최신식 암호화된 체계를 사용한다.
❹ 한도액은 2,100만 비트코인이다.
❺ 수수료 부담이 없다.

| **다양한 비트코인 관련 앱** 비트코인을 보관하거나 거래하는 데 필요한 지갑, 비트코인의 시세 파악, 비트코인의 환율 조회 등 비트코인을 사용하는 데 필요한 다양한 앱이 제공되고 있다.

비트코인은 특정한 개인이나 회사가 운영하는 캐시가 아니라 *P2P 방식으로 여러 사람의 컴퓨터에 분산되어 있기 때문에 주인이 따로 없다. 비트코인을 만들고 거래하고 현금으로 바꾸는 것은 모두 개인이 한다. 따라서 비트코인을 가지고 있는 모든 사람이 주인이다.

비트코인은 기본적으로 '채굴' 방식을 통해 얻을 수 있는데, 채굴이란 클라이언트 프로그램을 다운받은 다음 공식 사이트

ThinkGen
비트코인의 장단점에는 어떤 것이 있을까?

---
*
P2P(peer to peer) 인터넷상에서 개인과 개인의 컴퓨터가 직접 연결되어 각종 정보나 파일을 공유 및 교환할 수 있게 하는 서비스를 뜻한다.

에 접속하여 아주 높은 수준의 수학 문제를 푸는 것을 말한다. 그에 앞서 비트코인을 채굴하고 거래하려면 우선 지갑을 만들어야 한다. 여기서 지갑은 비트코인을 보관하면서 새로이 주소를 생성하여 비트코인을 거래할 수 있는 프로그램을 뜻한다.

비트코인은 총 2,100만 개가 있는데 이는 약 2145년까지 채굴할 수 있는 양이다(하나의 문제를 풀어 얻을 수 있는 최대의 비트코인 양은 50비트코인임). 지금까지 총 채굴량의 85% 이상 분량인 1,800만 개 가량의 비트코인이 발행되었는데, 채굴할 수 있는 수량을 조절하기 위해 채굴량이 늘어날수록 문제의 난이도도 함께 올라간다.

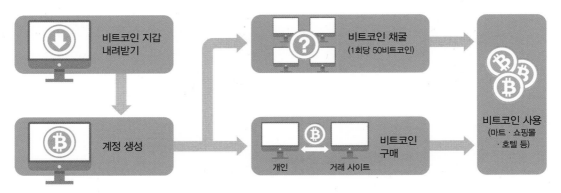

| **비트코인 생성 및 거래 과정** 누구나 다운받아 사용 가능한 비트코인은 전자 지갑으로 보관·송금·입금 등이 가능한데, 그 이유는 전자 지갑이 은행 계좌 번호와 유사한 고유의 주소를 가지고 있기 때문이다.

복잡한 수학 연산 문제를 풀어 비트코인을 얻는 '채굴' 이외에도 상거래를 통해 비트코인을 구매하는 방법이 있다. 이 경우 금과 마찬가지로 '환전소', '거래소'라 불리는 장소에서 달러나 원화 등을 지급하고 비트코인을 구매할 수 있다. 세계 각 나라의 비트코인 거래소는 미국의 '코인베이스', 중국의 'BTC차이나', 한국의 '코빗' 등이 있다.

| 한국 비트코인 거래소 '코빗'

| 미국 비트코인 거래소 '코인베이스'

최근 비트코인을 결제 수단으로 활용하는 곳이 점점 늘어나고 있다. 캐나다 밴쿠버에 위치한 커피숍에는 세계 최초로 비트코인 ATM 기계가 설치되었고, 미국의 자동차 회사인 테슬라는 비트코인으로 자동차를 구입할 수 있게 하였다. 중국에서는 최근 비트코인 관련 기업이 증권시장에 상장되기도 하였으며, 우리나라도 파리바게뜨 인천시청역점이 국내 최초로 비트코인을 결제 수단으로 도입하면서 본격적인 비트코인 시대를 열기 시작하였다.

| 국내 최초로 비트코인을 결제 수단으로 도입한 온라인 쇼핑몰

〈출처〉 연합뉴스, 2021

그러나 비트코인의 활성화와 함께 발생할 수 있는 부작용도 살펴봐야 한다. 비트코인의 장점 중 하나가 익명으로 거래가 가능하다는 것인데, 이로 인해 불법적인 자금이 연계될 가능성이 크다. 또한 가상 공간에서 거래되는 화폐이기 때문에 해킹에 취약할 수 있으며, 비트코인의 가치가 급등하고 급락하는 등 화폐의 안정성 측면에 취약할 수 있다. 따라서 이러한 부작용을 해소할 수 있는 대책과 합법적인 거래 시스템이 운영될 방안들이 생겨나야 비트코인 거래가 훨씬 더 활성화될 것이다.

질문이요 비트코인은 어떻게 시작되었을까?

비트코인의 작동 방식을 고안한 사람은 나카모토 사토시라는 가명으로 알려진 한 소프트웨어 개발자 겸 수학자로, 정확한 신분은 아직 밝혀지지 않았다. 그는 누구도 소유하지 않는 돈(비트코인)을 만든 뒤 컴퓨터로 수학 문제를 푼 사람이 발굴하게 하겠다는 계획을 2009년에 발표했다. 그리고 비트코인의 작동 방식을 오픈소스로 만들어 공개했는데, 그가 공개한 오픈소스를 기본으로 많은 개발자가 비트코인의 거래와 채굴·전자 지갑 생성 등에 관한 프로그램과 서비스를 개발하였다.

비트코인 · 현금 · 전자 화폐 · 가상 화폐 비교

비트코인

1 화폐 형태: 디지털
2 화폐 단위: 가상 화폐
3 적용 법규: ×
4 사용처: 가맹점
5 발행 기관: ×
6 법정 통화와의 교환성: 법정 통화와 교환이 자유로움

현금

1 화폐 형태: 주화(금속) 또는 지폐(종이)
2 화폐 단위: 법정 통화
3 적용 법규: ○
4 사용처: 가맹점
5 발행 기관: 중앙은행

전자 화폐

1 화폐 형태: 디지털
2 화폐 단위: 법정 통화
3 적용 법규: ○
4 사용처: 가맹점
5 발행 기관: 금융 기관
6 법정 통화와의 교환성: 법정 통화로 충전, 잔액은 법정
  통화로 환급 가능

가상 화폐

1 화폐 형태: 디지털
2 화폐 단위: 가상 화폐
3 적용 법규: ×
4 사용처: 가상 공간
5 발행 기관: 비금융 기관
6 법정 통화와의 교환성: 법정 통화로 교환할 수 없음

디지털 코쿤족

코쿤족이라는 말은 '누에고치, 보호막(cocoon)'에서 유래한 것으로, 말 그대로 주변을 차단한 껍데기 안에서 자신만의 안락한 세계를 추구하는 사람들을 가리킨다.

특히 사이버 코쿤족은 디지털 기기와 개인 통신망 등을 이용하여 사이버 공간에서 일상의 모든 것을 해결하고, 사이버 공간이 현실로부터 자신을 안전하게 지켜 주고 보호해 주는 장소로 생각하는 사람들을 말한다. 이들에게 사이버 공간은 정보를 얻는 공간만이 아닌 모든 활동과 인간관계의 장으로 활용되는 생활과 놀이의 공간이다.

사이버 코쿤족의 확대 개념으로 그다음 등장한 디지털 코쿤족은 사이버 코쿤족과 마찬가지로 디지털 기기와 개인 통신망이 일상화된 자신만의 공간에서 생활하나, 사회와 단절된 생활을 하는 대신 인터넷을 통해 원하는 정보를 얻고 휴대전화를 이용하여 사람들과 소통한다.

디지털 코쿤족은 현실 세계와 거리를 두면서 자신만의 공간에서 일상을 보낸다. 이들은 자동차에 성능이 뛰어난 각종 오디오 장비를 설치하여 음악을 감상하면서 드라이브를 즐기거나 자신의 방에 영화관 수준의 뛰어난 홈시어터 기기 등을 구비하고 영화 감상 등을 즐긴다.

이들은 또한 컴퓨터나 스마트폰을 통해 배달시킨 음식을 먹으며 자신의 취미 생활을 즐기는 등 주로 인터넷을 통해 세상과 접촉하는 행동 양식을 보인다. 이들은 대체로 안정적인 경제적 능력을 가지고 있으며, 업무 능력도 뛰어나고, 스트레스 등 외부 환경에 잘 대처하는 능력도 가지고 있다.

디지털 코쿤족의 생활 중심 공간은 인터넷 쇼핑몰이다. 인터넷 쇼핑몰에 들어가 보면 쌀, 김치 등 기본 먹거리부터 막 출시된 최신 상품까지 없는 것이 없다. 그들은 생활에 필요한 거의 대부분의 것들을 인터넷 쇼핑몰을 통해서 구매하고, 그곳에서 거의 모든 소비를 해결하기도 한다.

| 디지털 코쿤족은 인터넷 쇼핑몰의 가장 귀중한 고객으로 자리 잡고 있다.

토론 스마트 시대의 정보 격차 문제 어떻게 해결할 것인가?

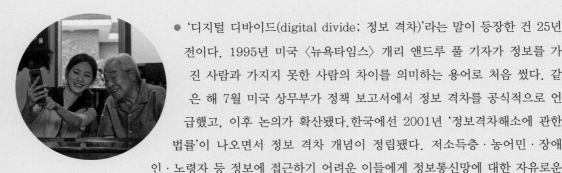

● '디지털 디바이드(digital divide; 정보 격차)'라는 말이 등장한 건 25년 전이다. 1995년 미국 〈뉴욕타임스〉 개리 앤드루 폴 기자가 정보를 가진 사람과 가지지 못한 사람의 차이를 의미하는 용어로 처음 썼다. 같은 해 7월 미국 상무부가 정책 보고서에서 정보 격차를 공식적으로 언급했고, 이후 논의가 확산됐다. 한국에선 2001년 '정보격차해소에 관한 법률'이 나오면서 정보 격차 개념이 정립됐다. 저소득층·농어민·장애인·노령자 등 정보에 접근하기 어려운 이들에게 정보통신망에 대한 자유로운 접근과 정보 이용을 보장한다는 내용이었다. 2009년 폐지된 이 법은 '국가정보화기본법'에 녹아 있다. 정보 격차의 틈을 메꾸기 위한 정보화 교육도 꾸준히 이뤄지고 있다. 정보 격차를 해소하려는 정부 주도의 노력은 '접근' 측면에서 긍정적이었다. 정보 취약 계층의 디지털 접근 수준은 일반 국민의 97.1%다. 대부분 컴퓨터나 스마트폰을 가졌다는 얘기다. 문제는 얼마나 잘 활용하느냐다.

〈출처〉 경향신문, 2020-3-22, 기사 발췌

http://news.khan.co.kr/kh_news/khan_art_view.html?art_id=202003220919001#csidx22b10ab7fa38461b82de80c95b053a2

● 신종 코로나바이러스 감염증(코로나19)으로 언택트(비대면) 디지털 기술이 사회 전역에 상용화되고 있는 가운데 일각에서는 이 같은 언택트 기술이 소위 '디지털 문맹'으로 불리는 고령층, 농어촌 지역 주민들의 디지털 정보 양극화를 가속화할 것이라는 우려가 제기된다. 모바일, 인터넷 사용을 비롯해 최근 키오스크(무인 단말기) 등의 사용을 어려워하는 고령층에 대한 정책적 지원이 필요하다는 목소리도 나온다. 9일 한국정보화진흥원(NIA)의 '농어민의 모바일 인터넷 이용과 디지털 격차에 관한 연구' 보고서에 따르면 지난 2018년 말 기준 농어민의 디지털 정보화 종합 수준은 일반 국민 평균을 기준으로 69.8% 수준에 그치는 것으로 나타났다. 이는 장애인들의 디지털 정보화 수준(74.6%)보다도 떨어지는 수치다. 보고서는 "세계 최고 수준의 인터넷 보급률과 정부의 꾸준한 노력에도 불구하고 농어민과 일반 국민 간의 디지털 격차는 지속적으로 커지고 있다."고 진단했다.

〈출처〉 조선비즈, 2020-10-9, 기사 발췌

https://biz.chosun.com/site/data/html_dir/2020/10/08/2020100803012.html

1 단계   스마트 시대의 정보 격차 문제를 해결할 수 있는 방안에 대한 마인드맵을 그려 보자.

2 단계   스마트 시대의 정보 격차 문제를 해결할 수 있는 방안에 대해 자신의 생각을 간단히 써 보자.

정보 통신 기술 과 관련된 직업을 알아보아요

반도체 공학 기술자

하는 일 반도체 집적 회로(IC)를 제조하기 위하여 전자 이론의 지식과 장비 조작 원리를 응용하여 반도체 생산 공정 조건 설정, 불량 원인 분석 및 조치, 견본 생산 부품 시험 등의 업무를 수행한다.

관련 학과 반도체·세라믹공학과, 전자공학과

컴퓨터 보안 전문가

하는 일 정보 보안 정책을 세우고 시스템 접근과 운영을 통제하여 침입자가 발생하면 신속하게 대응해 시스템을 보호한다. 시스템에 불법으로 접근하는 외부 공격을 막아 내고 사전 예방을 하며, 각종 컴퓨터 바이러스의 발생과 해커의 침입에 대비하여 보안 정책을 수립하는 일을 담당한다.

관련 학과 디지털정보과, 인터넷정보학과, 정보보호학과, 정보통신공학과, 컴퓨터공학과, 컴퓨터보안과

모바일 콘텐츠 개발자

하는 일 이전에 컴퓨터에서 사용하던 프로그램을 스마트폰에 설치해 사용할 수 있는 프로그램을 개발하는 일을 담당한다. 휴대폰에 모바일 게임이나 음악 서비스, 소액 결제 시스템 등의 적용이 가능하도록 프로그램을 짜거나 애플리케이션을 개발한다.

관련 학과 응용소프트웨어공학과, 정보·통신공학과

디지털 영상 처리 전문가

하는 일 디지털 영상 처리 전문가는 물체에 대한 영상을 컴퓨터의 영상 편집 프로그램을 이용하여 디지털화된 이미지나 동영상 데이터로 처리하며, 각종 알고리즘을 이용하여 3D 영상 처리 등 다양한 특수 효과를 연출하는 사람이다. 영상 처리는 사진, 그림 등을 디지털화하여 컴퓨터에서 처리하는 기술로서 많은 영역에서 활용되고 있다.

관련 학과 컴퓨터정보통신공학과, 정보통신공학과, 전자공학과, 전산공학과, 컴퓨터전자공학과, 디지털정보학과, 디지털영상정보학과

정보 통신 컨설턴트

하는 일 기업이 가지고 있는 각종 자료를 수집·분석하고, 분석된 자료를 가지고 시스템을 구축하고 조언하거나 자문한다. 구축된 정보 시스템을 통해 경영 상태 개선, 시스템 효율성 등에 대한 꾸준한 모니터링을 통해 효율적인 시스템 운영을 위한 조언을 한다. 또한 구축한 시스템이 적합하고 안정성 있게 운영되는지 관리 감독하는 역할을 한다.

관련 학과 경영정보과, 경영학과, 디지털정보과, 인터넷정보학과, 정보통신공학과, 정보통신과

나노 공학 기술자

하는 일 나노 기술을 이용하여 다양한 소재를 연구·개발하고, 나노 기술을 통해 만들어진 분자가 특정한 하나 이상의 기능을 수행할 수 있도록 나노칩·D램·낸드플래시 등 나노 소자를 연구·개발한다. 나노 측정 장비와 제품 제조 장치 및 설비를 연구하고 개발하며, 생명 공학·환경·에너지 등의 분야에서 바이오 진단 검사·화장품·나노 스프레이·나노 필터·항균제 등 나노 응용제품을 개발한다.

관련 학과 고분자공학과, 재료공학과, 금속공학과, 신소재공학과, 신소재응용과, 재료과, 제철금속과

무선주파수(RF) 엔지니어

하는 일 무선 주파수를 이용하여 무선 통신장비들을 연구·개발·설계하는 일을 담당하며, 다양한 무선 통신 기기의 주파수를 연구한다. 무선 통신 장비 업계에 대한 기술을 분석하고 새로운 무선 통신 성능을 갖춘 장비를 기획·개발하기도 하며, 실험과 검사를 통해 새롭게 개발되고 있는 무선 통신 장비의 성능과 품질을 검사하기도 한다.

관련 학과 전기전자공학과, 전자공학과, 전파공학과, 정보통신공학과

전기 공학 기술자

하는 일 전기 공학 기술자는 전기와 관련하여 체계적인 이론과 실기를 바탕으로 전력 분야, 자동화 및 제어 시스템 분야, 엔지니어링 및 건설 분야, 전기 설비 분야에서의 계획·설계·시공 및 감리와 완공된 전력 시설물의 유지·보수·운용·관리·안전 업무와 전기 설비의 설계 및 보수 업무 등을 한다.

관련 학과 전자공학과, 전기공학과, 메카트로닉스공학과

참고 문헌 및 참고 사이트

참고 문헌

기술사랑연구회, 기술·가정 용어사전, ㈜신원문화사, 2007.

미래를 준비하는 기술교사 모임, 테크놀로지의 세계 1~3, 랜덤하우스코리아, 2010.

박영숙 외, 유엔미래보고서 2040, 교보문고, 2014.

빌 브라이슨, 거의 모든 것의 역사, 까치, 2003.

삼영서방편집부, F1머신 하이테크의 비밀, 골든벨, 2012.

스티븐 파커, 비행기와 날 수 있는 기계들, 한길사, 1999.

오빌라이트, 우리는 어떻게 비행기를 만들었나, 지호, 2003.

월간라디오컨트롤, 화보로 보는 항공발달사, 전파기술정보사, 1999.

자일스 채프먼, DK The CAR BOOK 카북, 사이언스북스, 2013.

잭 첼로너, 죽기 전에 꼭 알아야 할 세상을 바꾼 발명품 1001, 마로니에북스, 2001.

조반니 카다라, 선사시대: 원시인류의 생활과 문화, 사계절, 2006

체험활동을 통한 기술교육 연구모임, 테크놀로지의 세계 플러스 1~2, 알에이치코리아, 2012.

탈것공작소, 자동차 기차 배 비행기 대백과, 주니어골든벨, 2014.

토머스휴즈, 테크놀로지 창조와 욕망의 역사, 플래닛 미디어, 2008.

퍼시벌 로웰, 내 기억 속의 조선, 조선사람들, 예담, 2001.

해럴드 도른 외, 과학과 기술로 본 세계사 강의, 도서출판 모티브북, 2006.

헨드릭 빌렘 반룬, SHIPS 배 이야기, 아이필드, 2006.

안창원 외, 빅 데이터 기술과 주요 이슈, 2012.

참고 사이트

국가핵융합연구소 www.nfri.re.kr

국제에너지기구 www.iea.org

극지연구소 www.kopri.re.kr

대한민국해군 www.navy.mil.kr

문화재청 www.cha.go.k

박물관 포털 e뮤지엄 www.emuseum.go.kr

한국항공우주연구원 www.kari.re.kr

한국수력원자력 www.khnp.co.kr

한국에너지공단 www.energr.or.kr

한국항공우주산업 www.koreaaero.com

현대자동차 www.hyundai.com

이미지 출처

한눈에 보이는 정보 통신 기술의 역사

파스팔 기계식 계산기 http://www.lelivrescolaire.fr/#!manuel/106/histoire-5e/chapitre/564/le-developpement-des-sciences-aux-xvie-et-xviie-siecles/page/693176/le-developpement-des-sciences/docs-du-manuel

모스 전신기 http://www.businessinsider.com.au/send-messages-in-morse-code-with-this-iphone-keyboard-app-2014-10

홀러리스 천공 카드 시스템 https://www.census.gov/main/.in/php_module/lightbox/media.php?l_cbd14f623352b8be18e348b288af80a9

삼극진공관 https://en.wikipedia.org/wiki/Audion#/media/File:Triode_tube_1906.jpg(원 출처 : Gregory F. Maxwell, gmaxwell@gmail.com)

에니악 http://www.manualpc.com/computadora-eniac

리젠시 TR-1 라디오 http://www.esquire.nl/Gear/De-83-uitvindingen-die-ook-jouw-leven-echt-hebben-veranderd

A-501 라디오 http://www.cha.go.kr/korea/heritage/search/Culresult_Db_View.jsp?mc=NS_04_03_01&VdkVgwKey=79,05590200,11&flag=Y

애플II https://namu.wiki/w/%EC%95%A0%ED%94%8C%20II

IBM PC http://www.pcmag.com/slideshow_viewer/0,3253,l=286147&a=286147&po=1,00.asp

천리안 http://blog.skbroadband.com/452

모자이크 웹 브라우저 http://www.i-sitedesign.net/images/mosaic_screen.gif

노키아9000 커뮤니케이터 https://medium.com/people-gadgets/the-gadget-we-miss-the-nokia-9000-communicator-ef8e8c7047ae#.6y0wcchsb

구글 글래스 http://tabi-labo.com/202791/googleglass-development

PEPPER http://www.softbank.jp

정보 통신 관련 http://www.gettyimagesbank.com(게티이미지뱅크)

머리말   정보 통신 관련 http://www.gettyimagesbank.com(게티이미지뱅크)

차례   정보 통신 관련 http://www.gettyimagesbank.com(게티이미지뱅크)

1부

8쪽   정보 통신 관련 http://www.gettyimagesbank.com(게티이미지뱅크)

9쪽   정보 통신 관련 http://www.gettyimagesbank.com(게티이미지뱅크)

10쪽   라스코 동굴 벽화 http://tours.france.com/backoffice/files/tours/20140302015150-1238-lascaux-II-tour.jpg

11쪽   설형 문자 1 http://ilovetypography.com/2010/08/07/where-does-the-alphabet-come-from

설형 문자 2 https://yenimedya.wordpress.com/2014/04

설형 문자 3 http://skepticalscribe.net

직지심체요절 http://londonkoreanlinks.net/2014/04/05/the-art-of-printing-koreas-evolving-printing-types

12쪽   사천 우산 봉수대 http://www.cha.go.kr/korea/heritage/search/Culresult_Db_View.jsp?mc=NS_04_03_01&VdkVgwKey=23,01760000,38&flag=Y

13쪽   쇠머링 전신기 http://www.collide.info/Lehre/PrProjektSMS/mitterechtshandygeschichte.htm

지시 전신기 http://blog.sciencemuseum.org.uk/revealing-the-real-cooke-and-wheatstone-telegraph-dial

모스 전신기 http://www.businessinsider.com.au/send-messages-in-morse-code-with-this-iphone-keyboard-app-2014-10

벨 http://blog.lib.uiowa.edu/eng/alexander-graham-bell-the-man-behind-the-telephone

헤르츠 전자기파 검출 장치 https://sites.google.com/site/historiadelosmediosii/Home/temario/radio-antecedentes/heinrich-hertz

마르코니 http://www.abc.es/fotos-abc/20121210/marconi-hizo-primera-transmision-111431.html

마틴 쿠퍼 http://q8allinone.com/2013/04/martin-cooper-inventor-of-the-mobile-phone.html

14쪽   사무엘 모스 http://www.old-picture.com/mathew-brady-studio/Samuel-Morse-B.htm

15쪽   타이타닉 신문기사 http://www.modestoradiomuseum.org/titanic.html

침몰한 타이타닉호 http://i.ytimg.com/vi/lwflYwl-IT8/maxresdefault.jpg

16쪽   아날로그형 시계, 디지털형 시계 http://www.gettyimagesbank.com(게티이미지뱅크)

17쪽   아날로그와 디지털 제품들 http://www.gettyimagesbank.com(게티이미지뱅크), https://www.engadget.com/2016-05-31-samsung-smart-tv-ads.html

19쪽   디지털 스케치 기기 http://redaktion42.com/2011/09/02

스마트 명함 http://www.gettyimagesbank.com(게티이미지뱅크)

모바일 포토 프린터 http://store.earlyadopter.co.kr/shop/goods/goods_view.php?goodsno=3918&utm_source=google&utm_medium=paid&utm_campaign=google_shop&utm_term=google_smart&gclid=CjwKCAjw-YT1BRAFEiwAd2WRtrrlfsTAO8IHBHpztqqLOKZQQ4hs4LFE6Kfrq0EZFyglSHbWoyYn5xoCEPYQAvD_BwE, http://www.gettyimagesbank.com(게티이미지뱅크)

20쪽   아마추어 무선 햄 장비 https://hamgear.wordpress.com/2012/02/10/ham-radio-test-bench

21쪽   5G 안테나 http://www.gettyimagesbank.com(게티이미지뱅크)

1G http://blog.uplus.co.kr/2141

　　　 2G http://cellphones.techfresh.net/lg-waffle-aka-lg-sv770-2g-handset
　　　 유심카드 http://www.doopedia.co.kr/_upload/image/1109/16/110916017323085/110916017323085_jQt4qaoaSe6OuPRs4s8L.jpg
　　　 4G http://www.123rf.com/photo_19165931_this-image-represents-a-tablet-and-a-smartphone-vectors.html
22쪽　카폰 지면 광고, 최초의 휴대전화 http://www.monthly.appstory.co.kr/plan4370
　　　 폴더형 http://www.itworld.co.kr/print/53692
　　　 슬라이딩형 1 http://blog.naver.com/lafe/140016181272
　　　 슬라이딩형 2 http://cellphones.techfresh.net/lg-waffle-aka-lg-sv770-2g-handset
23쪽　영상 통화 http://www.gettyimagesbank.com(게티이미지뱅크)
　　　 정보 통신 관련 http://www.gettyimagesbank.com(게티이미지뱅크)
24쪽　리젠시 TR-1 라디오 http://www.esquire.nl/Gear/De-83-uitvindingen-die-ook-jouw-leven-echt-hebben-veranderd
　　　 트랜지스터 https://www.adafruit.com/products/1794
25쪽　삼극 진공관 https://en.wikipedia.org/wiki/Audion#/media/File:Triode_tube_1906.jpg(원 출처 : GregoryF. Maxwell,
　　　 gmaxwell@gmail.com)
　　　 1920년대 라디오 수신기 Public domain
　　　 에드윈 암스트롱 http://www.e-worldz.com/2015/03/fmradio.html
26쪽　아날로그 라디오 http://www.iclickart.co.kr(아이클릭아트)
　　　 디지털 라디오 http://www.techfogey.com/category-overview-dab-digital-radio
27쪽　A-501 라디오 http://www.cha.go.kr/korea/heritage/search/Culresult_Db_View.jsp?mc=NS_04_03_01&VdkVgwKey=79,05
　　　 590200,11&flag=Y
28쪽　마크- I http://www.genbetadev.com/general/renace-el-ferranti-mark-1-tras-60-anos-para-escribir-cartas-de-amor
29쪽　모리스 윌크스 http://amturing.acm.org/info/wilkes_1001395.cfm(원 출처 : Cambridge University Computer Lab)
　　　 폰 노이만 http://www.nytimes.com/2012/05/06/books/review/turings-cathedral-by-george-dyson.html(원 출처 : Alan W.
　　　 Richards/Institute for Advanced Study, Princeton University)
30쪽　고대 주판 http://www.computersciencelab.com/ComputerHistory/History.htm, https://ru.wikipedia.org/wiki/%D0%90%D0%
　　　 B1%D0%B0%D0%BA#/media/File:%D0%90%D0%B1%D0%B0%D0%BA.jpg
　　　 파스칼 기계식 계산기 http://www.lelivrescolaire.fr/#!manuel/106/histoire-5e/chapitre/564/le-developpement-des-
　　　 sciences-aux-xvie-et-xviie-siecles/page/693176/le-developpement-des-sciences-docs-du-manuel
　　　 라이프니츠 계산기 Public domain
　　　 차분 기관 http://www.d.umn.edu/~hobbs072/main/ada/adalovelace.html
　　　 해석 기관 https://commons.wikimedia.org/wiki/File%3ABabbages_Analytical_Engine%2C_1834-1871._(9660574685).
　　　 jpg(원 출처 : Science Museum London / Science and Society Picture Library [CC BY-SA 2.0 (http://creativecommons.org/
　　　 licenses/by-sa/2.0)], via Wikimedia Commons)
31쪽　홀러리스 천공 카드 시스템 https://www.census.gov/main/.in/php_module/lightbox/media.php?l_cbd14f623352b8be18e348b288af80a9
　　　 에니악 http://www.manualpc.com/computadora-eniac
　　　 애플II https://namu.wiki/w/%EC%95%A0%ED%94%8C%20II
　　　 IBM PC http://www.pcmag.com/slideshow_viewer/0,3253,l=286147&a=286147&po=1,00.asp
32쪽　진공관 http://www.gettyimagesbank.com(게티이미지뱅크)
　　　 트랜지스터 1 http://core-electronics.com.au/3-3v-250ma-linear-voltage-regulator-l4931-3-3-to-92.html
　　　 트랜지스터 2 http://littlebirdelectronics.com.au/products/5-0v-250ma-linear-voltage-regulator-l4931-5-0-to-92
33쪽　집적 회로 http://articulo.mercadolibre.com.mx/MLM-522473443-microcontrolador-pic16f628a-pic-mejor-que-pic16f84a-_JM
　　　 고밀도 집적 회로 http://www.gettyimagesbank.com(게티이미지뱅크)
　　　 초고밀도 집적 회로 http://www.gettyimagesbank.com(게티이미지뱅크)
34쪽　에이다 러브레이스 http://www.themarkofaleader.com/library/stories/ada-lovelace-and-the-first-computer
　　　 에이다 러브레이스 전시 http://blog.sciencemuseum.org.uk/wp-content/uploads/2015/10/small-Ada-Lovelace-exhibition-
　　　 %C2%A9-Science-Museum.jpg
35쪽　네트워크 이미지 http://www.gettyimagesbank.com(게티이미지뱅크)
38쪽　천리안 http://blog.skbroadband.com/452
　　　 하이텔 http://blog.skbroadband.com/1197
39쪽　레이 톰린슨 http://www.tiki-toki.com/timeline/entry/541168/EVOLUCIN-DEL-INTERNET
40쪽　SNS 관련 http://www.gettyimagesbank.com(게티이미지뱅크)

2부

42쪽　정보 통신 관련 http://www.gettyimagesbank.com(게티이미지뱅크)
43쪽　정보 통신 관련 http://www.gettyimagesbank.com(게티이미지뱅크)
44쪽　마틴 쿠퍼 http://www.lifo.gr/team/sansimera/37216

카폰 광고 http://www.adic.co.kr/blog/usrBrd/usrBrdDataDirShowOne.vw?tableNo=3&artNo=111552&gb=P

45쪽 마이크로프로세서 http://www.iclickart.co.kr(아이클릭아트)

46쪽 SH-100 http://www.much.go.kr/cooperation/net/des.html#

SH-700 http://global.samsungtomorrow.com/history-of-samsung-11-adoption-of-new-corporate-identity-and-development-of-worlds-first-256-mega-dram-semiconductor-1993-1997

SCH-V200 http://mobilein.tistory.com/21

SCH-V300 http://review.cetizen.com/SCH-V300/view/1/374/review

SPH-S2300 http://it.donga.com/10681

SCHB100 http://www.buyking.com/news/2005/03/news200503290205511

프라다폰 http://www.thefullsignal.com/products/1234/new-lg-prada-collaboration-announced-kf900

갤럭시s6 http://news.samsung.com/kr/%EC%82%BC%EC%84%B1%EC%A0%84%EC%9E%90-%EA%B0%A4%EB%9F%AD%EC%8B%9C-s6%E2%88%99%EA%B0%A4%EB%9F%AD%EC%8B%9C-s6-%EC%97%A3%EC%A7%80-%EA%B5%AD%EB%82%B4-%EC%B6%9C%EC%8B%9C

갤럭시 s20 5G https://gigglehd.com/gg/mobile/6510655

47쪽 IBM 사이먼 Public domain

아이폰 3G http://paujak.blogas.lt/tag/apple

49쪽 모토로라 다이나택8000X http://blog.uplus.co.kr/2141

노키아 모비라 시티맨900 http://company.nokia.com/en/news/media-library/image-gallery/item/mobira-cityman-nmt900-handportable-1987

노키아101 http://supernokiamrkts.blogspot.kr/2012/06/nokia-101.html

모토로라 스타택 https://www.sellcell.com/blog/10-retro-cell-phones-that-will-make-you-feel-old

IBM 사이먼 퍼스널 커뮤니케이터 http://www.gsmarena.com/samsung_i9505_galaxy_s4_vs_lenovo_yoga_13-review-925p2.php

노키아9000 커뮤니케이터 https://medium.com/people-gadgets/the-gadget-we-miss-the-nokia-9000-communicator-ef8e8c7047ae#.6y0wcchsb

노키아5110 http://www.gsmarena.com/nokia_5110-pictures-7.php

샤프 J-sho4 http://media.tumblr.com/tumblr_m03ygtw8FY1r4p1bh.jpg

팜 트레오600 https://www.ifixit.com/Device/Palm_Treo_600

모토로라 레이저 씬 RAZR V3 http://www.mobi.ru/Catalog/Phones/354/Motorola+RAZR+V3.htm

모토로라 ROKR E1 http://www.cellphones.ca/cell-phones/motorola-rokr-e1

팜 프리 http://www.techweez.com/2013/07/01/lacklustre-pc-sales-to-lead-hp-back-into-smartphones

애플 아이폰 6s https://s.gravis.de/p/z2/apple-iphone-6s-plus-64-gb-rosC3A9gold_z2.jpg

애플 아이폰 11 https://www.apple.com/shop/buy-iphone/iphone-11/6,1-inch-display-64gb-yellow-unlocked

51쪽 빌 게이츠 http://logout.hu/cikk/surface_pro_2_a_legproduktivabb_tablet/elofutarok_x86-os_tabletek.html, http://www.gettyimagesbank.com(게티이미지뱅크)

52쪽 스티브 잡스 http://www.breitbart.com/california/2014/09/17/steve-jobs-banned-his-children-from-using-an-ipad

53쪽 e-러닝 관련 http://www.gettyimagesbank.com(게티이미지뱅크)

54쪽 애플리케이션 관련 http://www.gettyimagesbank.com(게티이미지뱅크)

55쪽 앱 스토어 https://support.apple.com/en-us/HT204266

57쪽 클라우드 컴퓨팅 http://www.gettyimagesbank.com(게티이미지뱅크)

59쪽 클라우드 컴퓨팅 환경 구조 http://www.publicpolicy.telefonica.com/blogs/blog/2011/10/03/telefonica%E2%80%99s-views-on-cloud-computing-%E2%80%9Cglobal-solutions-for-global-problems%E2%80%9D

클라우드 보안 관련 http://www.gettyimagesbank.com(게티이미지뱅크)

60쪽 헤드 마운티드 디스플레이 1 http://www.zdnet.co.kr/news/news_view.asp?artice_id=20121220115347&type=xml

헤드 마운티드 디스플레이 2 http://besuccess.com/2013/07/step_towards_virtual_reality_oculus_rift

61쪽 증강현실 축구 중계 http://koreancontent.kr/1951

가상현실 http://modernfarmer.com/2014/05/virtually-free-range

62쪽 증강현실 관련 http://www.gettyimagesbank.com(게티이미지뱅크)

63쪽 지역 정보 서비스 http://www.gettyimagesbank.com(게티이미지뱅크)

eyepet 1 http://blog.us.playstation.com/2009/08/28/eyepet-in-stores-on-november-17

eyepet 2 https://www.playstation.com/en-za/games/eyepet-move-edition-ps3

역사 놀이 교육 https://www.youtube.com/watch?v=PSwJHks5lOs

64쪽 MS 감정인식 프로그램 http://www.popsci.com/microsoft-makes-ai-easier

이모션트 앱 http://wonderfulengineering.com/google-glass-can-now-read-the-mood-of-strangers

66쪽 GER MOOD 스웨터 http://sensoree.com/artifacts/ger-mood-sweater

67쪽 PEPPER http://www.softbank.jp

가족 관련 http://www.iclickart.co.kr(아이클릭아트)

70쪽 기기 내 콘텐츠 화면 https://www.facebook.com/letsrockfe/videos/843346099106339/?theater
71쪽 통신 관련 http://www.gettyimagesbank.com(게티이미지뱅크)
72쪽 플렉시블 디스플레이 시제품 1 http://www.electronicsweekly.com/news/business/manufacturing/university-plays-role-smartkems-organics-success-story-2014-03
      플렉시블 디스플레이 시제품 2 http://stoo.asiae.co.kr/news/stview.htm?idxno=2009080207531177564
      플렉시블 디스플레이 시제품 3, 4 http://www.designmap.or.kr/ipf/lpTrFrD.jsp?p=331
      플렉시블 기기 관련 http://www.gettyimagesbank.com(게티이미지뱅크)
73쪽 언브레이커블 http://www.qatarliving.com/mobile-devices/mobile-phones/advert/sale-lg-g-flex-2-grey-international-warranty
      벤더블 http://www.dwayneflinchum.com/2010/06/02/part-i-the-future-of-ereaders
      롤러블 https://ssm10.wordpress.com/2013/11/06/types-of-flexible-screens
      폴더블 http://www.gettyimagesbank.com(게티이미지뱅크)
74쪽 스티브 잡스 http://www.promiflash.de/news/2013/10/19/steve-jobs-seine-erste-freundin-packt-aus.html

3부

76쪽 정보 통신 관련 http://www.gettyimagesbank.com(게티이미지뱅크)
77쪽 나노 기술, 정보 통신 관련 http://www.gettyimagesbank.com(게티이미지뱅크)
78쪽 RFID 태그 http://www2.ministries-online.org/biometrics/rfidchip2.html
      안테나 http://www.rfid-ready.com/component/com_sobipro/Itemid,1107/pid,62/sid,306
      리더기 http://www.etnews.com/200612120105
      호스트 컴퓨터 http://www.gettyimagesbank.com(게티이미지뱅크)
79쪽 바코드 http://www.gettyimagesbank.com(게티이미지뱅크)
81쪽 NFC http://www.gettyimagesbank.com(게티이미지뱅크)
82쪽 리처드 파인만 http://beaux.egloos.com/m/2417913
83쪽 나노의 크기 http://www.gettyimagesbank.com(게티이미지뱅크)
84쪽 나노 화장품 http://startedwithawebsite.com/bioagecosmetics.com/new/media/catalog/product/cache/1/image/9df78eab33525d08d6e5fb8d27136e95/b/i/bio_nano_mask.jpg
      탄소 나노 튜브 http://www.gettyimagesbank.com(게티이미지뱅크)
85쪽 나노 로봇 http://www.gettyimagesbank.com(게티이미지뱅크)
      웨이퍼 http://www.gettyimagesbank.com(게티이미지뱅크)
      클레오파트라 http://www.beautynury.com//news/view/25594/cat/10
86쪽 나노 기술의 미래 발전 모습 http://www.gettyimagesbank.com(게티이미지뱅크)
87쪽 휴대전화, 지능형 로봇, 산업용 제어, 디지털 홈, 디지털 TV http://www.gettyimagesbank.com(게티이미지뱅크)
      포스트 PC http://product.pconline.com.cn/pdlib/529358_bigpicture8106223.html
      센서 기기 http://www.manuelvillasur.com/2012_07_01_archive.html
89쪽 인공위성, 디지털 캠코더, 내비게이션, 모바일 기기, 산업용 로봇 http://www.gettyimagesbank.com(게티이미지뱅크), https://m.banggood.com/ko/4K-WiFi-Ultra-HD-1080P-16X-ZOOM-Digital-Video-Camera-DV-Camcorder-with-Lens-and-Microphone-p-1426366.html?akmClientCountry=America&
      서비스 로봇 http://www.vanili.cz/sci-fi/rozhovory-celebrity/robot-asimo
      교육용 로봇 http://www.etnews.com/200610170092
90쪽 아바타 http://www.reviewstl.com/hd-photos-from-james-camerons-avatar-1220/(원 출처 : 영화 아바타)
      아이언맨 http://vfxholic.tistory.com/1(원 출처 : 영화 아이언맨)
92쪽 건축 분야, 의학, 자동차 정비 상상도 http://www.gettyimagesbank.com(게티이미지뱅크)
      제작 발표회 http://www.hologramusa.com/products-services/telepresence
      문화재 복원 http://www.parismatch.com/Actu/International/En-images/Bouddha-immortel-782998#783002
93쪽 구글 말하는 신발 https://www.youtube.com/watch?v=VcaSwxbRkcE
95쪽 스마트워치 관련(상단) http://www.gettyimagesbank.com(게티이미지뱅크)
      스마트워치 1 www.apple.com
      스마트워치 2 http://wearablesp.com/tienda/sony_smartwatch_2
      스마트워치 3 http://www.technobuffalo.com/2015/08/13/samsung-gear-s2-is-samsungs-circular-smartwatch
      스마트워치 4 http://www.samsung.com/sec/home
96쪽 연동형 스마트워치 http://www.adslzone.net/2014/02/24/samsung-galaxy-s5-caracteristicas-oficiales
      단독형 스마트워치 http://www.tested.com/tech/456562-sony-smartwatch-2-improves-upon-its-predecessor-still-android-only
      스마트워치 사용법 관련 http://www.samsung.com/sec/consumer/mobile-tablet/gear/gear-s/SM-R7320ZKAKOO
97쪽 구글 글래스 https://www.youtube.com/watch?v=4EvNxWhskf8
98쪽 스마트 안경 https://arvrjourney.com/will-augmented-reality-glasses-replace-our-phones-3c5650acddec
99쪽 스마트 워치 상상도 http://www.gettyimagesbank.com(게티이미지뱅크)

100쪽 스마트 TV http://www.gettyimagesbank.com(게티이미지뱅크)

101쪽 일반 TV, 셋톱 박스, 스마트 TV http://www.gettyimagesbank.com(게티이미지뱅크)

102~103쪽 모니터 배경 이미지 http://www.gettyimagesbank.com(게티이미지뱅크)

104쪽 모바일 헬스케어 관련 http://www.gettyimagesbank.com(게티이미지뱅크)

105쪽 모바일 헬스케어와 스마트폰 http://www.gettyimagesbank.com(게티이미지뱅크)

106쪽 스마트 밴드 http://www.pcadvisor.co.uk/review/activity-trackers/nike-fuelband-review-3445332

스마트 의류 http://www.stilsport.es/gow-trainer-camiseta-inteligente-hombre-247.html

스마트 안경 http://tabi-labo.com/202791/googleglass-development

스마트 렌즈 http://news.inews24.com/php/news_view.php?g_serial=482492&g_menu=020400

스마트 약 http://www.asimo.pl/modele/ipill.php

107쪽 3D 프린터 1 http://nocamels.com/2014/02/these-awesome-shoes-were-printed-using-the-worlds-first-color-3d-printer

3D 프린터 2 http://www.gettyimagesbank.com(게티이미지뱅크)

3D 프린터 3 http://www.stratasys.com/3d-printers/idea-series/mojo

108쪽 3D 프린터 작동 원리 http://www.gettyimagesbank.com(게티이미지뱅크)

3D 프린터 원리 관련 1 http://garo3d.com/bukobot-v2

3D 프린터 원리 관련 2 http://www.gettyimagesbank.com(게티이미지뱅크)

109쪽 람보르기니 http://www.e-journal.co.kr/rb/?c=9/54&uid=396(원 출처 : 위키디피아)

아디다스 http://www.architecturaldigest.com/story/adidas-unveils-futurecraft-3d

110쪽 장기 프린팅 http://www.ted.com/talks/anthony_atala_printing_a_human_kidney

의족/의수 프린팅 http://www.neatorama.com/2013/11/03/Dad-Makes-His-Son-a-3D-Printed-Prosthetic-Hand-for-Just-10/#!p0Aco

111쪽 보형물 프린팅 http://www.japantimes.co.jp/news/2014/03/08/world/science-health-world/3-d-printers-may-make-human-organs/#.VKd2iyusWRl

112쪽 나노 기술 관련 http://www.gettyimagesbank.com(게티이미지뱅크)

4부

114쪽 정보 통신 관련 http://www.gettyimagesbank.com(게티이미지뱅크)

115쪽 정보 통신 관련 http://www.gettyimagesbank.com(게티이미지뱅크)

116쪽 사물 인터넷 관련 http://www.gettyimagesbank.com(게티이미지뱅크)

117쪽 시티즌 사이언스 운동복 https://www.youtube.com/watch?v=JEEfS8R0EDk

이보스 http://www.autoconsulting.com.ua/article.php?sid=21198

118쪽 스파크드 사의 소 http://econews.com.au/31787/csiro-helps-smart-farms-use-digital-technology

121쪽 구글 자동차 http://www.wired.com/2014/05/the-major-design-flaws-in-googles-new-self-driving-car

122쪽 빅 데이터 관련 http://www.gettyimagesbank.com(게티이미지뱅크)

125쪽 서울 올빼미버스 노선도 http://bus.go.kr/nBusMain.jsp

127쪽 CCTV 관련 http://www.gettyimagesbank.com(게티이미지뱅크)

128쪽 조지 오웰 http://www.kultura.banzaj.pl/galeria/george-orwell-2-galdok-44706-471648-jpg.html

1984 http://beforeitsnews.com/awakening-start-here/2015/09/1984-orwells-newspeak-is-coming-to-a-campus-near-you-4076.html

129쪽 해킹 관련 http://www.gettyimagesbank.com(게티이미지뱅크)

130쪽 해킹과 크래킹 http://www.gettyimagesbank.com(게티이미지뱅크)

131쪽 사물 인터넷 관련 http://www.gettyimagesbank.com(게티이미지뱅크)

132쪽 스마트폰 관련 http://www.gettyimagesbank.com(게티이미지뱅크)

133쪽 브레인 바이러스 https://setantablog.wordpress.com/2013/12/09/top-10-computer-viruses-of-all-time

134쪽 바이러스 관련 http://www.gettyimagesbank.com(게티이미지뱅크)

135쪽 바이러스 세대별 분류 http://www.gettyimagesbank.com(게티이미지뱅크)

136쪽 개인정보, 낚시, 피싱 http://www.iclickart.co.kr(아이클릭아트)

139쪽 디지털 워터마킹 http://www.iclickart.co.kr(아이클릭아트)

140쪽 오만 원권 http://www.bok.or.kr/broadcast.action?menuNavild=2027

142쪽 원석 https://baroquejewellery.wordpress.com/2011/07/13/natural-raw-beauty-of-uncut-diamonds-rough-and-ready

다이아몬드 http://www.iclickart.co.kr(아이클릭아트)

갈릴레오 갈릴레이 Public domain

143쪽 우리나라 특허공보 http://www.gwangyang.go.kr/idea/sub_06_004.jsp?mode=view&article_no=79

144쪽 선풍기(좌) http://www.gettyimagesbank.com(게티이미지뱅크)

선풍기(우) http://www.windamp.com

147쪽 비트코인 가격 추이 https://www.yna.co.kr/view/GYH20210216001500044

148쪽 비트코인, 현금, 전자 화폐, 가상 화폐 관련 http://www.gettyimagesbank.com(게티이미지뱅크)

149쪽 디지털 코쿤족 관련 http://www.gettyimagesbank.com(게티이미지뱅크)

150쪽 정보 통신 관련 http://www.gettyimagesbank.com(게티이미지뱅크)

[찾아보기]

10대를 위한 기술선생님이 들려주는 궁금한 정보 통신 기술의 세계 04

초판 1쇄 발행   2016년 1월 5일
   5쇄 발행   2021년 11월 15일

지 은 이 | 한승배, 오규찬, 오정훈, 심세용, 이동국

발 행 인 | 신재석

발 행 처 | (주)삼양미디어

등록번호 | 제10-2285호

주   소 | 서울시 마포구 양화로 6길 9-28

전   화 | 02 335 3030

팩   스 | 02 335 2070

홈페이지 | www.samyang𝑀.com

I S B N | 978-89-5897-312-6 (44500)

         978-89-5897-309-6 (5권 세트)